总目

前言　五
凡例　九
史料目录　一三
史料　六三
史料关键词分类索引　一一二九
关键词分类索引说明　一一二九
关键词分类索引目录　一一三一
关键词分类索引　一一三三
征引书目　一二三三
征引书目说明　一二三三
征引书目　一二三四
后记　一二四六

*《明代宫廷建筑大事史料长编·正统景泰天顺朝卷》共四册。第一册：一至三〇四页；第二册：三〇五至六二二页；第三册：六二三至九五六页；第四册：九五七至一二五〇页。

前言

中华文化博大精深，源远流长，为人类文明留下了极为丰富的历史文化遗产。中国古代建筑，特别是历代的宫廷建筑，以其独特的艺术风格和技术体系，在世界建筑史上独树一帜，是中华文化遗产的一个重要组成部分。

中国历代王朝，不惜动用大量的人力、物力和财力，营建以壮丽为特征的宫殿，作为统治全国发号施令之中枢和帝后居住的寝宫，秦汉唐宋莫不如此。可惜这些『千门万户，殿宇胶葛』的宫殿，早已被历史的战火所焚而灰飞烟灭了。只有明清两代的紫禁城宫殿建筑群被完整地保存下来，这真是中华儿女的万幸！

紫禁城宫殿，建成于明永乐十八年（一四二〇年），是永乐皇帝朱棣以明初南京宫殿为蓝本，在元大都宫殿的基础上修建的，但比南京宫殿更为『高敞壮丽』。它是我国古代宫廷建筑发展的集大成者，十分完整地体现了我国古代宫城规划思想的精髓，是传统建筑艺术与建筑技术有机结合的最高典范。自建成至一九一二年清帝逊位，先后有明清两代二十四位皇帝在这里登极继统，发号施令，统治全国达四百九十一年之久。它是中国封建社会后期近五百年历史的见证，积淀了深厚的历史文化内涵，具有物质文化遗产和非物质文化遗产的双重价值。一九八七年故宫被联合国教科文组织列入《世界遗产名录》，循名责实，当之无愧。故宫是北京的，是中国的，也是全世界的。

故宫博物院肩负着中华民族精心保护、合理利用故宫，使其长久保存的重托。自一九二五年建院以来，特别是在一九四九年中华人民共和国成立以后，经几代领导、专家和同仁的努力，使故宫古建筑得到了有效的保护，并承担起中国最大的博物馆的职能。但是，故宫古建筑的保护任务仍旧十分迫切，十分繁重。进入二十一世纪之后，国务院决定对故宫古建筑群进行整体维修。按照文物保护要求，具体而深入地研究故宫古建筑的历史是维修工程前期调研工作的重要步骤。明清两代距今时代尚近，而紫禁城内外古建筑群的兴废、沿革却十分繁复。每调研一院一殿历史，均须遍查明清两朝有关文献、档案，因此，迫切需要一部有助于明清宫廷建筑历史研究的工具书。为了给保护工作提供基础资料，给古建筑研究工作提供素材，故宫博物院决定编纂这样一部著作，将编著任务委托于中国紫禁城学会。

中国紫禁城学会（下称『学会』）原亦有编纂清代宫廷相关建筑大事年表的设想，曾号召会员和团体会员单位共襄此事。学会的科研计划正与故宫博物院的需求契合。时任学会负责人的魏文藻、万依、秦国经、郑连章等同志调整了原思路，就编纂明清两代宫廷建筑大事年表的目的意义、体裁体例、编纂方法等进行了认真的研究，于二〇〇四年四月提出了《明清宫廷建筑大事编年》（下称《编年》）的编纂方案，并召开了专家论证会。到会的十七位专家均赞同学会所提编纂方案，认为《编年》是一部既有现实参考价值，又有学术意义的著作，并提出先做试点工作等建议。根据论证会意见，学会修订了编纂方案，制定了工作计划，向故宫博物院通报。故宫博物院领导很快作出『立即启动这项工作』的决定。并指出《编年》的编纂既是学会工作的内容，也是故宫博物院研究工作的一件大事，同时是完善故宫『四有档案』的重要措施；故作为故宫大修工程前期调研的一个科研项目立项，委托学会组织实施。

编纂工作于二〇〇四年八月正式启动。首先组建了由十七位学会领导和专家组成的编纂委员会来领导和协调编纂工作。下设编纂室负责具体编纂工作组织实施。计划中的各卷主编由编委会确定。这是一项长期的任务，有些老同志逐渐退休淡出，另有几位同志参与进来。关于成果的形式也曾有不同考虑和尝试。编纂工作则始终在学会的主持下进行。

编纂工作首先选择清代雍正朝作为试点，以便取得经验再全面展开。经过半年多的试点工作，编出了《雍正元年至三年宫廷建筑史料长编》样稿，并写出了《史料长编》和『编年』（大事记）的『凡例』，以及『雍正朝宫廷建筑史料目录』。为评估这些成果，学会于二〇〇五年八月十九日召集学会常务理事和有关专家进行讨论。大家对试点工作表示满意，均认为编纂《史料长编》和《编年》对古建学术界是一件『功德无量』的好事，并提出了一些很好的建议，希望学会加紧工作，争取早日见书。

在试点工作得到肯定之后，学会立即组织展开大规模的文献史料的查录工作。学会制订了编纂史料的方案和档案文献著录规则，明确史料收录的范围和著录方法，最后将著录的史料扫描为图形文件存储。明清档案文献，卷帙浩瀚，种类繁多，查阅数量巨大，为适应工作的需要，学会先后聘请了三十多位兼任专业人员，分别从事档案、图书的查录工作。在中国第一历史档案馆的大力支持下，学会总共查阅明清档案五个全宗、二十四种各类文书档册八万八千二百八十件（卷、册）。在中国国家图书馆、故宫博物院图书馆的支持配合下，学会查阅明清各官修政书、史书、诸家著述、地方志等图书六百六十多种，计十万多册。从中著录宫廷建筑史料明代一万四千余条，清代二万七千余条，总计四万余条，约计二千万字。

二〇〇八年五月，故宫博物院有关领导和中国紫禁城学会根据工作的实际情况，决定集中力量，首先编纂明代和清代宫廷建筑大事史料长编。学会讨论明确了编纂史料长编的指导思想是：以唯物史观为指导，全面、真实、系统地反映历史事实，对史料不加任何主观臆测和增删。质量要求用『全』『真』『准』『新』四字概括：『全』，一是指收录的档案文献史料尽量齐全；二是指每条史料要完整齐全，不能缺头少尾，或缺文少字。『真』，是要保持史料的原貌，不做任何增删修改。『准』，是每条史料的形成时间、出处要核对准确。『新』，是与已出版的有关著作比较要有新的史料收录。要努力编出一部翔实可靠、内容丰富、结构合理、体例得当、便于检阅的传世之作。长编分为《明代宫廷建筑大事史料长编》和《清代宫廷建筑大事史料长编》两部，分别编辑。每部将大体按照朝代分卷出版。明代晚期发生的清兴纪事，归入清代长编。

本项目是受故宫博物院委托的科研项目，也是中国紫禁城学会成立以来最大的基础性学术工程。启动迄今已七个春秋。工作先后得到学会朱诚如会长和郑欣淼会长的重视与支持。学会法人代表、常务副会长魏文藻先生和晋宏逵先生先后主持了这一工作。学会副会长万依、秦国经和裴焕禄先生先后主持了编纂室的日常工作，脚踏实地、无间寒暑、尽职尽责。陈英华副秘书长和张锡瑞高级财务师则参与和承担了工作计划制订、专业人员招聘、培训，史料查录的布置等一系列事务性工作。三十几位同志先后参加了档案文献查阅、核对工作，他们是（以姓氏笔划为序）：丁兰、方遒、王和平、王桂荃、王世民、王庆伟、田宝珠、刘志峰、刘浩、刘玥、刘榕、刘志宏、刘鸿武、刘诺、李燮平、李湜、李旻、李明、张建夫、杨文概、杨新成、陈狄、郑会云、郭蕴祥、徐超英、栗振复、崔富卿、黄希明、董纪平、蒋宝栋等。史料点校人员有：方裕谨、王元敢、关孝廉、俞玉储、黄伟虎、董宝光等，其中栗振复、关孝廉同志还进行了满文老档的翻译工作。电脑技术人员有：刘都、沈燕、松洋、温洪杰等。故宫出版社编辑白建新同志参与了本书体例的讨论和本书征引书目的梳理工作。故宫博物院图书馆为史料的反复核定提供了大量服务，很多工作人员付出了辛勤的劳动。他们是：李欢、李士娟、春花、刁美林、张兆平、朱珠、曹莉、茹阳、刘小英、梁宪华、刘甲良、白帕晶、刘晨曦、王国庆、王宁远、刘振祥。

在《明代宫廷建筑大事史料长编》各卷陆续付梓出版之际，我们特别感谢学会的各位专家、学者对本项目的指导和帮助；感谢故宫博物院领导对学会工作的关怀和支持；感谢所有对本项目做出贡献的人士。由于我们编纂这样规模巨大、内容广泛的工具书经验不足，书中难免有错漏和不当之处，敬请各位专家、读者不吝指正。

中国紫禁城学会《明清宫廷建筑大事史料长编》编纂室

二〇一一年六月

凡例

一　断代依正史，以明洪武元年（一三六八年）至崇祯十七年（一六四四年）为明代。史料收录起自元至正十六年（一三五六年）朱元璋奉韩林儿正朔为吴国公起。止于南明，纪事用清代纪年。

二　宫廷具有宫室和朝廷双重含义。由于中国封建社会『家国重构』的政治特征，宫廷的地理范围并不局限在紫禁城之内。《明代宫廷建筑大事史料长编》收录宫廷建筑史料的范围，就建筑的类型而言，依据明代历朝《实录》修纂凡例，包括：宫殿，苑囿，行宫，都城，天地宗庙社稷及一应神祇坛场，山陵，国家和皇家衙署、学校，王府，公主府，王坟，公主坟，敕建和使用国家钱粮及内帑营造的寺观及其他建筑，酌情收录明代修缮过的历代名胜古迹。它们大部分属于『官式建筑』。收录内容，就建筑历史而言，收录上述建筑的地理区位、规制以及兴建、修缮、改建、存废等沿革过程。就建筑的指导思想而言，收录明代君臣关于上述建筑兴作及其制度损益的谕旨奏疏。就建筑活动及其管理而言，收录工部及内廷工程管理机构的官制、督造官员、著名匠师，工匠起取放免，建筑材料烧造采运，工程钱粮运筹。就建筑规则而言，收录工程管理制度与营建法式。由于明代宗室生齿日繁，藩封日众，明实录等文献基于制度对其名封生卒婚嫁谥葬虽有记录，但于建筑研究则意义甚微。故从本卷起，除非事关重大，郡王郡主及以下宗室史料不予收录，靖江王例外。

三　史料采编于历史文献。首重史部之正史、别史、杂史、诏令奏议、地理、政书，也注重民间编纂的严肃野史等各类书籍，兼及子部杂记类和集部别集类的私人著述。史料的形成年代主要是明清两代，个别地方志延至近代。明代各朝《实录》中的建筑史料是收入本书的核心史料，其制度足凭，年月可考。采编群书记载的目的是广为征信，以备考证。

四　史料长编编排采取编年体例，以时代为经、事件为纬。以『以日系事』『以类相从』为原则。

五　史料按照三个层次编排。第一个层次：时间排序；第二个层次：同一个时间类别之下记录了多个事件时，依照事类排序；第三个层次：多种史料记录同时、同一事件时，按照史料的形成或成书年代排序。

六　时间排序。以朝年为基本单位。每年之下以『日记』为体。史料记录有月无日者置于该月。有年无月、日者置于该年。有年号无年份者及事跨数年者置于该朝，朝的起止以年号为准。事跨数朝者置于明代。

七　《明代宫廷建筑大事史料长编》所收史料体例多样，记时纪事方式各异。其系时判别以建筑类纪事的系时为准。史料本身不著年月日者，可酌情附丽于记载相同事例且系时可靠的史料之后，或依史料形成年代采编。记述同一事件的不同史料系时不同的，仍依史料编排，不予考证更动。一条史料，记录了同一建筑的两个或更多相关联的时间点，则首尾兼顾，分别采编于最早和最晚两个位置，避免首尾隔绝，不竟原委。如《日下旧闻考》卷三十三『明永乐四年，诏以明年建北京宫殿。十四年八月，作北京西宫。十一月，诏群臣议建北京。十八年，诏改京师为南京，北京为京师。十一月，以迁都北京诏天下，是月北京郊庙宫殿成。见明史本纪』，记录了建北京宫殿和迁都全过程，除作西宫一事可单独列条以外，不宜拆分。分别收录于永乐四年和十八年十一月。

八　事类排序：宫殿（南京，中都，北京）。苑囿（南京，中都，北京）。行宫。都城（南京，中都，北京）。坛庙（天坛、地坛、宗庙、社稷坛、朝日、夕月、先农坛，其余各神祇坛庙、历代帝王庙、三皇圣师庙、孔庙、功臣庙等）。山陵。国家和皇家衙署、库府、学校。王府、公主府。王坟、公主坟。敕建和使用国家钱粮及内帑营造的寺观及其他建筑。工部及内廷工程管理机构的官制、管理制度、建筑法式。督造官员、著名匠师。工匠及其起取放免。建筑材料采办。历代名胜古迹。其他。

九　记载同时同事的两条或数条史料，如关键词完全相同且其他文字基本相同者，只收录其中成文年代最早的史料，其余各条在史料出处上注明，称为『并见』。如关键词基本相同而其他文字虽有出入而不影响对建筑史实判断者，亦作同样处理，称为『参见』。

十　史料一般不作考证校勘。如《罪惟录》志卷十六记：『洪武十七年，命江阴侯吴良督造皇陵祭殿。』而据《明太祖实录》，吴良卒于洪武十四年十一月二十六日，编录时未予指出。但是为编纂所必需的时间、地点要素不明确时，则在史料正文中加注释序号『①』，加编者注。史料原有『校勘记』的，校勘原文亦保持原貌。

十一　《明代宫廷建筑大事史料长编》的出版，视内容多寡，或一朝一卷，或赓续数朝合为一卷。各卷根据篇幅可分数册。

十二　《明代宫廷建筑大事史料长编》各分卷内容包括凡例、史料目录、史料、本卷史料关键词分类索引和本卷征引书目，以及后记。首卷有前言。末卷有全书史料关键词索引和参考书目。

十三　每条史料前加以标题，由序号、史料时间、史料内容和史料出处组成。序号和页码以卷为单位编排。史料时间即史料记载中所标明的时间，没有时间者空白。史料内容为编者为史料撰拟的提要。史料出处标示书目或简明书目和史料所在卷数。

十四　史料以影印形式出版，文字概依文献原貌，以便引用。史料采编自排印本已有断句者，一般一仍旧贯。采编自抄本、刻本古籍未断句者，由整理者断句，以便阅读参考。

史料目录

正统元年

〇〇〇一　正统元年正月十五日　御制洪恩灵济宫碑文　六五

〇〇〇二　正统元年正月十七日　归并献陵卫景陵卫仓于长陵卫仓　六六

〇〇〇三　正统元年正月二十日　罢贵州铜仁府金场局　七〇

〇〇〇四　正统元年二月初四日　修羽林等二十五卫仓廒　七〇

〇〇〇五　正统元年二月十一日　定通州五卫仓名　七一

〇〇〇六　正统元年二月二十一日　命修商王中宗庙　七一

〇〇〇七　正统元年二月二十三日　敕南京官员一切造作悉皆停罢　七二

〇〇〇八　正统元年三月初八日　修通州等卫仓　七三

〇〇〇九　正统元年三月十二日　祀唐韦丹蜀许逊于铁柱宫庙　七三

〇〇一〇　正统元年三月十六日　令三司秋成后修理梁王府　七四

〇〇一一　正统元年三月十九日　敕大臣董修在京并通州仓　七四

〇〇一二　正统元年四月二十一日　修整南岳庙以称崇祀之礼　七五

〇〇一三　正统元年四月　重建三殿　七五

〇〇一四　正统元年五月初七　罢修两京冰池冰窨　七六

〇〇一五　正统元年五月十二日　定王坟祭祀定例　七六

〇〇一六　正统元年五月二十一日　北京国子监庙庑堂房损坏　七七

〇〇一七　正统元年五月二十三日　修理中岳嵩山神庙　七八

〇〇一八　正统元年五月三十日　建孝陵神功圣德碑工毕　七八

〇〇一九　正统元年六月初二日　修左右阙门及左右长安门　七九

〇〇二〇　正统元年六月初二日　改迁淮王府于饶州　七九

〇〇二一　正统元年六月初十日　作公生门　七九

〇〇二二　正统元年六月初十日　作公生门　八〇

〇〇二三　公生门为通五府各部处总门　八〇

〇〇二四　正统元年六月二十四日　请免改甘州肃王府为都司衙门　八一

〇〇二五　正统元年闰六月初九日　军官擅占官房　八一

〇〇二六　正统元年闰六月十一日　淮王移封饶州　八二

〇〇二七　正统元年闰六月十二日　诏修唐王府　八二

〇〇二八　正统元年闰六月二十日　襄王将移国襄阳　八三

〇〇二九　正统元年七月初二日　命修卢沟桥等处闸堤　八三

〇〇三〇　正统元年七月初三日　改武成左右卫为献陵卫景陵卫　八四
〇〇三一　正统元年七月十一日　修长献景三陵垣墙桥道　八四
〇〇三二　正统元年七月十五日　赵玒卒　八四
〇〇三三　正统元年七月十七日　修葺历代圣贤祠墓　八五
〇〇三四　正统元年七月十一日　命襄王迁居襄阳　八六
〇〇三五　正统元年七月二十三日　饶州府府治改作淮王府　八六
〇〇三六　正统元年七月二十四日　将命修献景二陵　八七
〇〇三七　正统元年七月二十七日　修献陵　八七
〇〇三八　正统元年八月十二日　命修葺甲字等库　八七
〇〇三九　正统元年八月十三日　修通州城垣坝道　八八
〇〇四〇　正统元年八月十九日　修景陵　八八
〇〇四一　正统元年八月十九日　新铸朝钟成　八八
〇〇四二　正统元年九月初三日　命修东岳泰山神祠　八九
〇〇四三　正统元年九月初三日　命修曲阜兖国复圣公庙　八九
〇〇四四　正统元年九月初三日　修曲阜颜子庙　九〇
〇〇四五　颜希仁奏乞修理颜子庙　九〇
〇〇四六　正统元年九月十三日　命应天府建社稷坛　九一
〇〇四七　正统元年九月十九日　命修理南镇及神禹二庙　九一
〇〇四八　正统元年九月二十五日　修葺后湖册库　九二
〇〇四九　正统元年九月　应天府建社稷坛　九二
〇〇五〇　正统元年九月　修曲阜复圣公庙　九三
〇〇五一　正统元年十月初一日　李贤乞计料兴工一新太学　九三
〇〇五二　正统元年十月初一日　李贤乞重建太学　九七
〇〇五三　正统元年十月十八日　禁京城外掘土治窑者　九七
〇〇五四　正统元年十月二十九日　命修建京师九门城楼　九八
〇〇五五　正统元年十月二十九日　修建京师九门城楼　九八
〇〇五六　正统元年十月　修建京师九门城楼　九八
〇〇五七　正统元年十月　修建京师九门楼　九九
〇〇五八　正统元年十月　重建太学　九九
〇〇五九　正统元年十一月二十六日　修张家湾通济仓　九九
〇〇六〇　正统元年十一月三十日　秦王请赐还居室一所　一〇〇
〇〇六一　正统元年十一月三十日　复遵化县旧铁冶　一〇一
〇〇六二　正统元年十二月十五日　改广备库为仓廒　一〇一
〇〇六三　正统元年　遣阮安等督造奉天三殿　一〇二
〇〇六四　正统元年　重修奉天三殿　一〇二
〇〇六五　正统元年　修商中宗庙及朱熹等祠墓　一〇二
〇〇六六　正统初年　重新洪恩灵济宫宇　一〇三
〇〇六七　正统元年　定通州大运诸仓名　一〇三
〇〇六八　正统元年　定通仓名　一〇三
〇〇六九　正统元年　增造三百万石仓　一〇四

○○七○　正统元年　淮王府迁饶州府　一○四
○○七一　正统元年　建襄王府　一○四
○○七二　正统元年　襄王府迁襄阳　一○七
○○七三　正统元年　改建顺天府宏庆寺　一○七

正统二年　一○九

○○七四　正统二年正月十六日　改作修治平则等门城楼城壕　一一○
○○七五　正统二年正月十九日　宁世子薨命有司营葬　一一○
○○七六　正统二年正月二十三日　遣军助修居庸关关门水门　一一一
○○七七　正统二年正月二十八日　设中军都督府马草场象草场　一一一
○○七八　正统二年正月三十日　命增给修葺京城楼军匠米盐　一一二
○○七九　正统二年二月初九日　令械送过期不至工匠赴京　一一二
○○八○　正统二年二月十三日　发军夫往筑运河要儿渡　一一三
○○八一　正统二年二月十五日　造北京铜仪象如南京观星台　一一三
○○八二　正统二年二月十七日　建龙神庙于浑河堤岸　一一四
○○八三　正统二年二月十九日　修德胜门内海子岸　一一四
○○八四　正统二年二月十九日　西镇吴山庙火　一一五
○○八五　正统二年二月二十四日　以修长陵行祭告礼　一一五
○○八六　正统二年二月二十四日　修筑浑河岸兴工　一一六
○○八七　正统二年二月二十六日　清理京城濠堑既完禁污毁　一一六
○○八八　正统二年二月　敕赐广恩寺告成　一一六
○○八九　正统二年三月初二日　停修晋恭园堂宇　一一七
○○九○　正统二年三月初三日　遣官往察京城及通州粮仓　一一七
○○九一　正统二年三月十九日　乞以闲旷官地为襄阳卫公署　一一八
○○九二　正统二年三月二十日　立通济河神庙　一一八
○○九三　正统二年三月　建潭柘嘉福寺广善戒坛　一一九
○○九四　正统二年四月初八日　以修德胜安定二门城楼祭神　一一九
○○九五　正统二年四月初九日　敕太监大臣提督修葺京城及通州仓　一二○
○○九六　正统二年四月十七日　环天寿山立界禁樵采　一二○
○○九七　正统二年四月二十八日　命祀桐庐严子陵　一二一
○○九八　正统二年四月　禁伐天寿山树木　一二一
○○九九　正统二年四月　禁天寿山樵薪　一二二
○一○○　正统二年五月二十一日　修灵济宫市物民间　一二二
○一○一　正统二年五月二十三日　立荥泽侯纪信祠　一二三
○一○二　正统二年五月二十七日　以广备库盘设南新仓　一二四
○一○三　正统二年六月十七日　凤阳白塔坟殿宇垣墙倾颓　一二四
○一○四　正统二年七月十八日　遣大臣祭通济河卢沟河之神　一二五
○一○五　正统二年八月初七日　修八里桥　一二五
○一○六　正统二年八月初九日　修玉田县五里桥及双铺桥　一二六

〇一〇七　正统二年八月十八日　命大臣董修在京通州仓　一二六
〇一〇八　正统二年八月十八日　修理齐化门外木厂　一二六
〇一〇九　正统二年八月十八日　修在京通州仓及神木厂　一二七
〇一一〇　正统二年九月初十日　修葺东安门外顺德长公主府　一二七
〇一一一　正统二年九月十六日　营建京城楼堞　一二八
〇一一二　正统二年九月二十六日　许修葺郑王府　一二八
〇一一三　正统二年九月　三殿新成　一二八
〇一一四　正统二年十月初六日　书复梁王自行究治毁伤郢靖王坟园者　一二九
〇一一五　正统二年十月初八日　修京城门楼角楼并各门桥毕工　一二九
〇一一六　正统二年十月十一日　丽正等门已改作正阳等门　一三〇
〇一一七　正统二年十月　丽正等门已改作正阳等门　一三〇
〇一一八　正统二年十月　丽正等门已改作正阳等门　一三一
〇一一九　正统二年十一月初三日　不许修南京朝天宫　一三一
〇一二〇　正统二年十二月十七日　修周府社稷山川坛场　一三一
〇一二一　正统二年十二月二十日　不能为靖江悼僖王立碑　一三二
〇一二二　正统二年十二月二十二日　修南京通江桥江岸　一三二
〇一二三　正统二年　令应天府建社稷坛　一三二
〇一二四　正统二年　谕剪伐天寿山陵寝树木者重罪　一三三
〇一二五　正统二年　工部添设官员职专修仓　一三三
〇一二六　正统二年　改建襄王府　一三四
〇一二七　正统二年　迁建襄王府　一三四
〇一二八　正统二年　建卢沟河固安堤毕工　一三五
〇一二九　正统二年　重建京城宝林寺　一三五

正统三年

一三七
〇一三〇　正统三年正月十三日　命修南京东安门仓　一三八
〇一三一　正统三年正月二十一日　将营建朝阳东直二门城楼　一三八
〇一三二　正统三年正月二十六日　拨官军修葺京师朝阳等门城楼　一三八
〇一三三　正统三年正月二十八日　乞令各州县卫协力修葺永盈仓　一三八
〇一三四　正统三年正月二十九日　不允官船运送捐资去龙虎山　一三九
〇一三五　正统三年二月初一日　命修陕西兰县黄河桥　一四〇
〇一三六　正统三年二月初五日　命江西预造宁王权坟茔　一四〇
〇一三七　正统三年二月初七日　不给瞿昙等寺赐敕　一四〇
〇一三八　正统三年二月十六日　令城中人在城外取土　一四一
〇一三九　正统三年三月初九日　以建朝阳东直二门城楼祭神　一四一
〇一四〇　正统三年三月十七日　命修南京广积等库　一四二
〇一四一　正统三年三月二十六日　禁天下祀孔子于释老宫　一四二
〇一四二　正统三年三月二十八日　命即空地增造京仓　一四三
〇一四三　正统三年四月初二日　增造军器局厂房　一四三

○一四四　正统三年四月十二日　缮治京师城河已完　一四四
○一四五　正统三年五月初二日　建太仓　一四四
○一四六　正统三年五月初七日　书天下方面官姓名于文华殿　一四五
○一四七　正统三年五月初十日　迁甲乙丙丁等库于内府　一四六
○一四八　正统三年五月初十日　迁甲乙丙丁等库于内府　一四六
○一四九　正统三年五月十七日　将西安卫指挥旧宅给永寿王　一四七
○一五〇　正统三年五月十七日　命天下修葺申明旌善二亭　一四七
○一五一　正统三年五月十九日　造大通桥闸成　一四八
○一五二　正统三年五月二十七日　诏放免锦衣等卫老疾军匠　一四八
○一五三　正统三年五月　建太仓库　一四八
○一五四　正统三年六月初五日　逮治休番未赴工民匠　一四九
○一五五　正统三年六月初七日　宛平县择址新建旌善申明二亭　一四九
○一五六　正统三年六月初十日　备料以修正阳门城楼　一五〇
○一五七　正统三年六月二十七日　命增给老弱军匠人等月粮　一五〇
○一五八　正统三年七月初二日　造宁化王母坟逾制　一五一
○一五九　正统三年七月十七日　修襄王府　一五一
○一六〇　正统三年八月初三日　庆王栴蘉命有司治丧葬　一五二
○一六一　正统三年八月初六日　修理京城门楼河桥工毕　一五二
○一六二　正统三年八月初七日　以糯米糊和灰固砖石湖堤　一五三
○一六三　正统三年八月初九日　顺天府科场失火　一五三
○一六四　正统三年八月初九日　顺天贡院火　一五四
○一六五　正统三年八月初九日　顺天贡院火　一五四
○一六六　正统三年八月十二日　命督衡州修理南岳神祠像设　一五四
○一六七　正统三年八月十八日　书复宁化王坟地丈尺不敢违制　一五六
○一六八　正统三年八月　修复南岳祠　一五七
○一六九　正统三年九月初一日　盗长陵水沟铁窗者被枭首　一五七
○一七〇　正统三年九月初四日　行在工部尚书李友直卒　一五八
○一七一　李友直董採殿材于蜀　一五九
○一七二　正统三年九月初六日　不准荆王改徙之请　一五九
○一七三　正统三年九月初九日　工部右侍郎蔡信卒　一六〇
○一七四　正统三年九月十四日　革贵州铜仁水银硃砂场局　一六〇
○一七五　正统三年九月二十一日　增修试院房屋　一六一
○一七六　正统三年九月二十二日　修西中门及銮驾库等　一六一
○一七七　正统三年九月二十六日　修西中门工毕　一六一
○一七八　正统三年九月二十七日　准庆成王修理居所　一六二
○一七九　正统三年九月　周忱办送宫殿彩绘用牛胶　一六二
○一八〇　正统三年九月　周忱办送宫殿彩绘用牛胶　一六三
○一八一　正统三年十月初三日　命造完京师仓廒　一六三
○一八二　正统三年十月初六日　南京天界寺听僧自修　一六四
○一八三　正统三年十月初七日　命湖广金山河泊所岁办熟铁　一六四

正统四年

〇二二二　正统四年四月二十九日　追封沐晟为定远王　一八七
〇二二三　正统四年四月　正阳门月城成　一八八
〇二二四　正统四年五月初三日　遣行在工部尚书祭司工之神　一八九
〇二二五　正统四年五月初四日　修滁州柏子龙潭祠　一九〇
〇二二六　正统四年五月十九日　增筑汝阳大长公主寿藏　一九〇
〇二二七　正统四年五月二十五日　大雨京师水溢　一九一
〇二二八　正统四年五月二十七日　周宪王薨命有司营葬　一九一
〇二二九　正统四年五月　重作京城九城门　一九二
〇二三〇　正统四年五月　重作京城九城门　一九二
〇二三一　正统四年五月　新作京城九门　一九二
〇二三二　正统四年五月　重修元世祖庙　一九三
〇二三三　正统四年六月初六日　命修锦衣等卫仓　一九三
〇二三四　正统四年六月初八日　于正阳等门外设减水河　一九三
〇二三五　正统四年六月二十五日　修德胜门内外土城及砖城　一九四
〇二三六　正统四年六月二十六日　越靖王薨命有司营葬　一九四
〇二三七　正统四年七月初一日　书谕庆世子妥处兄弟旧第　一九五
〇二三八　正统四年七月初五日　命修南京城　一九五
〇二三九　正统四年七月初九日　命修元世祖庙　一九六
〇二四〇　正统四年七月初九日　修元世祖庙　一九六
〇二四一　正统四年七月十九日　宁国大长公主坟茔占地免租税　一九六
〇二四二　正统四年七月二十日　韩王请赐做工府军月粮　一九七
〇二四三　正统四年七月二十七日　修北京会同馆　一九七
〇二四四　正统四年八月初二日　修北京国子监　一九七
〇二四五　正统四年八月二十一日　命大臣盘移天财等库库藏　一九八
〇二四六　正统四年八月二十二日　官给物料盖造庆靖王享堂　一九八
〇二四七　正统四年八月二十三日　修南京后湖贮册库　一九九
〇二四八　正统四年八月二十五日　遣使册封周王庆王及庆王妃　一九九
〇二四九　正统四年八月二十七日　楚庄王薨命有司营葬　一九九
〇二五〇　正统四年八月　盘移天财等库库藏　二〇〇
〇二五一　正统四年九月初七日　改修旧礼部为厂房　二〇〇
〇二五二　正统四年九月十三日　修北京孔子庙　二〇〇
〇二五三　正统四年九月十六日　给修通济河军夫口粮　二〇一
〇二五四　正统四年九月十六日　宥行在工部官员禁地取土之罪　二〇一
〇二五五　正统四年九月二十四日　命修南京外城　二〇一
〇二五六　正统四年九月二十八日　修天地坛及金水桥河岸　二〇二
〇二五七　正统四年十月初二日　工部官员逼取县民白金　二〇二
〇二五八　正统四年十月初三日　侯丰年修西渎及西海神庙　二〇二
〇二五九　正统四年十月初七日　修顺天府大兴县平津闸　二〇三
〇二六〇　正统四年十月十二日　造浑天等仪　二〇三
〇二六一　正统四年十月二十九日　书谕宁化王请自造房　二〇三

〇二六二 正统四年十一月十四日 增大木厂军夫口粮 二〇四
〇二六三 正统四年十一月二十八日 除越靖王坟园占民田税粮 二〇四
〇二六四 正统四年十一月 造浑天等仪与功德寺 二〇五
〇二六五 正统四年十二月初一日 始修建乾清宫 二〇五
〇二六六 正统四年十二月初一日 修乾清宫 二〇五
〇二六七 正统四年十二月初一日 修北京行太仆寺 二〇六
〇二六八 正统四年十二月初五日 书谕乐平王不敢改易封土 二〇六
〇二六九 正统四年十二月二十日 修理皇陵孝陵完 二〇七
〇二七〇 正统四年十二月二十二日 以武冈州治赐岷王楩 二〇七
〇二七一 正统四年十二月二十四日 工部官员坐修孝陵纵工不敬罪 二〇八
〇二七二 正统四年十二月 修乾清宫 二〇八
〇二七三 正统四年 北京九门成 二〇九
〇二七四 正统四年 作北京城楼 二一一
〇二七五 正统四年 敕重修颜子庙 二一一
〇二七六 正统四年 增设府军左等三卫仓 二一一
〇二七七 正统四年 周宪王薨葬祥符 二一二
〇二七八 正统四年 改建法海寺 二一三
〇二七九 正统四年 改建法海寺 二一三
〇二八〇 正统四年 创建法海禅寺 二一四
〇二八一 正统四年 创建金山宝藏禅寺 二一四
〇二八二 正统四年 修隆恩寺 二一五
〇二八三 正统四年 修隆恩寺 二一六
〇二八四 正统四年 敕赐广福寺额 二一六
〇二八五 正统四年 更建广福寺赐额 二一六
〇二八六 正统四年 赐清真观额 二一七
〇二八七 正统四年 赐名元真观 二一七

正统五年

二一九
〇二八八 正统五年正月初九日 妥处永乐间营造各厂所余木 二二〇
〇二八九 正统五年二月初七日 发工匠操军营建宫殿 二二〇
〇二九〇 正统五年二月初七日 役军匠营建宫殿 二二一
〇二九一 正统五年二月十一日 给营造官军月粮 二二一
〇二九二 正统五年二月十八日 命沈清吴中提督营建宫殿 二二二
〇二九三 正统五年二月十八日 敕沈清吴中提督营建宫殿 二二二
〇二九四 正统五年二月二十一日 增设羽林左等四卫仓 二二三
〇二九五 正统五年二月二十二日 南京大风雨坏北上门脊 二二三
〇二九六 正统五年二月二十四日 命修南京通济门外桥 二二三
〇二九七 正统五年二月二十七日 令填补南京官民擅开池沼 二二四
〇二九八 正统五年二月 营建宫殿 二二四

〇二九九 正统五年二月 南京大风雨坏北上门脊 二二五

〇三〇〇 正统五年三月初六日 建三殿二宫兴工 二二五

〇三〇一 正统五年三月初六日 始兴大工 二二六

〇三〇二 正统五年三月初六日 作三殿二宫 二二六

〇三〇三 正统五年三月初六日 建北京宫殿 二二六

〇三〇四 正统五年三月初六日 建北京宫殿 二二六

〇三〇五 正统五年三月初六日 建北京宫殿 二二七

〇三〇六 正统五年三月十七日 敕如旧修理风雨所损各门 二二七

〇三〇七 正统五年三月二十八日 命增给修固安堤民夫口粮 二二八

〇三〇八 正统五年三月 建北京宫殿 二二八

〇三〇九 正统五年四月十二日 兴工修建燕山前卫羽林前卫仓 二二九

〇三一〇 正统五年五月初二日 不免永平大长公主买木抽分 二二九

〇三一一 正统五年五月初三日 命秦王自造母妃坟地门楼 二三〇

〇三一二 正统五年五月十五日 庆都大长公主薨命有司营葬 二三〇

〇三一三 正统五年六月二十四日 修筑南京河堤 二三一

〇三一四 正统五年六月二十五日 计议疏浚北京沟渠 二三一

〇三一五 正统五年六月二十六日 宁化王父子先支岁禄自盖房屋 二三二

〇三一六 正统五年六月二十六日 填筑大明门以西坑堑 二三二

〇三一七 正统五年六月二十九日 咸宁大长公主薨命有司营葬 二三三

〇三一八 正统五年七月初二日 中都大龙兴寺火 二三三

〇三一九 正统五年七月初七日 咸宁大长公主归葬原籍 二三四

〇三二〇 正统五年七月十一日 修南京銮驾库 二三四

〇三二一 正统五年七月 中都大龙兴寺火 二三五

〇三二二 正统五年八月初三日 命邵旻董修德胜等门城垣 二三五

〇三二三 正统五年八月初三日 邵旻修都城 二三六

〇三二四 正统五年八月十八日 赐宜城王旧仓地造房 二三六

〇三二五 正统五年八月二十一日 书谕靖江王令省过 二三七

〇三二六 正统五年八月 观星台象仪成 二三八

〇三二七 正统五年九月初三日 御制观天之器铭 二三八

〇三二八 正统五年九月初五日 修正阳崇文二门城垣 二三九

〇三二九 正统五年九月十三日 放免老疾工匠 二四〇

〇三三〇 正统五年九月二十七日 修葺庆成王旧府 二四〇

〇三三一 正统五年十月初三日 书复靖江王允治坛庙宫室 二四一

〇三三二 正统五年十月初十日 鲁荒王妃薨命有司营葬 二四一

〇三三三 正统五年十月二十日 以守仓旗军等修理淮安长盈仓 二四二

〇三三四 正统五年十一月十七日 运奉天殿栋梁至 二四二

〇三三五 正统五年十一月二十一日 征南京军民工匠赴役北京 二四三

〇三三六 正统五年十一月二十七日 书复襄王已令雇用人匠 二四三

〇三三七 正统五年十二月初二日 定名卢沟河、通济河之神 二四四

〇三三八 正统五年十二月初八日 修南京钟鼓楼 二四四

○三三九　正统五年十二月二十二日　韩王薨命有司营葬地　二四五
○三四○　正统五年十二月二十七日　械送逋逃工匠问罪　二四五
○三四一　正统五年　修京城　二四五
○三四二　正统五年　西镇吴山庙灾　二四六
○三四三　正统五年　重修广通寺　二四六
○三四四　正统五年　重修大兴隆寺　二四七
○三四五　正统五年　赐朝真观额　二四七
○三四六　正统五年　赐朝真观额　二四八

正统六年

二四九
○三四七　正统六年正月初八日　三殿立木　二五○
○三四八　正统六年正月二十四日　梁王薨命有司治丧葬　二五○
○三四九　正统六年二月初七日　令泾州道正司自葺王母宫　二五一
○三五○　正统六年二月初十日　浚京师西南河　二五一
○三五一　正统六年三月初八日　修凤阳府临淮县红心大石桥　二五二
○三五二　正统六年三月十七日　新建三殿上梁　二五二
○三五三　正统六年三月二十日　司设监外厂火　二五二
○三五四　正统六年三月二十三日　修建西镇吴山神庙　二五三
○三五五　正统六年三月二十六日　南京大风折孝陵树　二五四
○三五六　正统六年三月二十六日　南京大风折孝陵树　二五四
○三五七　正统六年三月二十七日　究治于天地坛禁地掘土人犯　二五四
○三五八　正统六年四月初三日　禁私创寺观　二五五
○三五九　正统六年四月初九日　火毁前军都督府治　二五八
○三六○　正统六年四月初十日　书复宣宁王原拨军悉还代府　二五九
○三六一　正统六年五月初二日　移置监生厨房　二五九
○三六二　正统六年五月初七日　开设京卫武学　二六○
○三六三　正统六年五月十五日　修兖国复圣公庙完建碑纪事　二六○
○三六四　正统六年五月十五日　修兖国复圣公庙　二六一
○三六五　正统六年五月十七日　命造宣武门东等桥堤　二六一
○三六六　正统六年五月二十日　营建宫殿毕工遣回南京工匠　二六一
○三六七　正统六年六月初四日　修社稷坛宇厨库　二六二
○三六八　正统六年六月初十日　诏修理南京太庙社稷坛　二六二
○三六九　正统六年六月初十日　修南京太庙社稷坛殿　二六二
○三七○　正统六年六月二十五日　令脱逃匠刑具　二六三
○三七一　正统六年六月二十七日　晋王薨命有司治丧葬　二六三
○三七二　正统六年六月　奉旨移贮文渊阁藏书　二六四
○三七三　正统六年七月　赤城静宁寺落成　二六四
○三七四　正统六年八月十三日　宁波知府郑恪言正名京师　二六六
○三七五　正统六年八月十三日　命休息在京工匠一月　二六六
○三七六　正统六年八月二十七日　修上林苑监　二六七

○三七七　正统六年九月初一日　三殿二宫成　二六七
○三七八　正统六年九月初一日　三殿两宫成　二六七
○三七九　正统六年九月初一日　三殿二宫成　二六八
○三八○　正统六年九月二十三日　命于玉河西堤建房以馆使臣　二六八
○三八一　正统六年九月　建三殿两宫工成　二六八
○三八二　正统六年九月　三殿两宫成　二六九
○三八三　正统六年九月　三殿二宫成　二六九
○三八四　正统六年九月　三殿二宫成　二六九
○三八五　正统六年十月十四日　整饬各处仓房　二七○
○三八六　正统六年十月十五日　灵丘王回平阳居住　二七一
○三八七　正统六年十月二十日　修筑南京江岸　二七一
○三八八　正统六年十月二十二日　宣谕内官内使谨慎爱护宫殿　二七二
○三八九　正统六年十月二十六日　三殿二宫成升赏赐官员　二七二
○三九○　正统六年十月二十九日　上居于乾清坤宁宫　二七三
○三九一　正统六年十月　三殿成　二七四
○三九二　正统六年十月　三殿二宫成　二七四
○三九三　正统六年十月　三殿工完赏赐阮安等　二七四
○三九四　正统六年十月　三殿二宫成赏赐阮安等　二七五
○三九五　正统六年十月　三殿工成　二七五
○三九六　正统六年十月　三殿二宫成　二七五
○三九七　正统六年十一月初一日　御奉天殿大赦天下　二七六
○三九八　正统六年十一月初一日　二宫三殿成大赦　二七九
○三九九　正统六年十一月初一日　去北京诸衙门行在字　二八○
○四○○　正统六年十一月初一日　定都北京　二八○
○四○一　正统六年十一月初一日　定都北京　二八○
○四○二　正统六年十一月初一日　御奉天殿　二八一
○四○三　正统六年十一月初四日　兖国复圣公庙成御制碑文　二八一
○四○四　正统六年十一月初四日　复圣公庙成御制碑文刻石　二八三
○四○五　正统六年十一月初七日　为晋宪王营葬过侈　二八三
○四○六　正统六年十一月十三日　命修直隶等省各州县社稷等坛　二八四
○四○七　正统六年十一月十三日　以下西洋余木修常盈仓　二八四
○四○八　正统六年十一月十五日　命修南岳庙　二八五
○四○九　正统六年十一月二十二日　拨屯军与宁王府造房　二八五
○四一○　正统六年十一月　定都北京　二八六
○四一一　正统六年十一月　诏定都北京　二八六
○四一二　正统六年十一月　诏定京师于顺天　二八七
○四一三　正统六年十一月　定都北京　二八七
○四一四　正统六年十一月　立御制兖国复圣公新庙碑　二八八
○四一五　正统六年闰十一月初二日　停修南京国子监　二八八
○四一六　正统六年闰十一月初四日　京城安定门火　二八八

○四一七　正统六年闰十一月初九日　令周王自修造房舍　二八九
○四一八　正统六年闰十一月初九日　令南京鸿胪寺自行修葺　二八九
○四一九　正统六年闰十一月十一日　命修安定门　二九〇
○四二〇　正统六年闰十一月　安定门火　二九〇
○四二一　正统六年十二月初一日　南京常宁公主府火　二九〇
○四二二　正统六年十二月初五日　命庙祀平江恭襄侯陈瑄　二九一
○四二三　正统六年十二月初九日　令侯丰稔新国子监　二九一
○四二四　正统六年十二月二十二日　令晋王府军校造祠堂　二九二
○四二五　正统六年十二月二十五日　与安化王近府隙地　二九二
○四二六　正统六年十二月二十七日　令宜城王府中军校渐修王府　二九三
○四二七　正统六年十二月　祀平江恭让侯陈瑄　二九三
○四二八　正统六年　作两宫三殿　二九四
○四二九　正统六年　重建三殿成　二九四
○四三〇　正统六年　两都规制大备　二九四
○四三一　正统六年　重建三殿成　二九五
○四三二　正统六年　重建三殿　二九五
○四三三　正统六年　建三殿两宫成　二九六
○四三四　正统六年　定北京为京师　二九六
○四三五　正统六年　北京为京师　二九七
○四三六　正统六年　定应天府为南京　二九八
○四三七　正统六年　南京始为陪都　二九八
○四三八　正统六年　会同馆定为南北二馆　二九八
○四三九　正统六年　会同馆定为南北二馆　二九九
○四四〇　正统六年　会同馆定为南北二馆　二九九
○四四一　正统六年　重建南京武学　三〇〇
○四四二　正统六年　梁王薨　三〇二
○四四三　正统六年　重修敕赐灵岩寺　三〇三

正统七年

正统七年　三〇五
○四四四　正统七年正月初二日　南京西安门火　三〇六
○四四五　正统七年正月初八日　以南京内府火敕守备大臣　三〇六
○四四六　正统七年正月十四日　除韩王坟茔所用民田租税　三〇七
○四四七　正统七年正月二十三日　山西广昌站木厂火　三〇七
○四四八　正统七年正月二十五日　命修南海子北门外桥　三〇七
○四四九　正统七年正月　南京内府火　三〇八
○四五〇　正统七年正月　广昌木厂火　三〇八
○四五一　正统七年二月初四日　禁于天地坛西北掘土　三〇八
○四五二　正统七年二月二十一日　造会同馆及观星台　三〇九
○四五三　正统七年二月二十一日　修会同馆及观星台　三〇九

〇四五四　正统七年二月二十二日　命修治南京西安门内廊房　三〇九
〇四五五　正统七年二月二十七日　命诛南京失火内使　三一〇
〇四五六　正统七年二月二十七日　命诛南京失火内使　三一〇
〇四五七　正统七年二月二十七日　南京内府火　三一〇
〇四五八　正统七年二月　造会同馆　三一一
〇四五九　正统七年三月初八日　许云丘王徙居平阳府　三一一
〇四六〇　正统七年三月初九日　许代世孙修其社稷山川坛　三一一
〇四六一　正统七年三月初十日　山西赵城娲皇氏寝庙火　三一二
〇四六二　正统七年三月十一日　令所司追械逃匠赴京　三一二
〇四六三　正统七年三月二十四日　以旧兵部为太仆寺署　三一二
〇四六四　正统七年三月二十七日　造观星台成　三一三
〇四六五　正统七年四月初四日　命建献陵景陵宰牲亭　三一三
〇四六六　正统七年四月十三日　建宗人府等衙门于大明门之东　三一四
〇四六七　正统七年四月十三日　作宗人府等于大明门之东　三一四
〇四六八　正统七年四月十六日　设南京京卫武学　三一五
〇四六九　正统七年四月　建宗人府等于大明门之东　三一五
〇四七〇　正统七年四月　建京师宗人府等衙门公署　三一六
〇四七一　正统七年四月　建大理寺　三一六
〇四七二　正统七年四月　建詹事府　三一六
〇四七三　正统七年四月　始建翰林院　三一六
〇四七四　正统七年四月　建钦天监　三一七
〇四七五　正统七年四月　建鸿胪寺　三一七
〇四七六　正统七年四月　建太医院　三一七
〇四七七　正统七年五月十二日　修南京城楼及牌楼　三一八
〇四七八　正统七年五月二十七日　修治朝阳门里南北二街　三一八
〇四七九　正统七年六月十一日　有司所造膳亭不及式　三一八
〇四八〇　正统七年六月十八日　命新作京卫武学　三一九
〇四八一　正统七年六月二十七日　少师兼工部尚书吴中卒　三二〇
〇四八二　正统七年六月二十七日　吴中卒　三二一
〇四八三　正统七年六月　南京尚膳监火　三二二
〇四八四　正统七年六月　吴中卒　三二三
〇四八五　正统七年六月　大同府重修夫子庙学成　三二三
〇四八六　正统七年七月初三日　筑南京浦子口大胜关堤　三二六
〇四八七　正统七年七月十二日　修南京钟鼓楼　三二六
〇四八八　正统七年七月十八日　怀仁王于府第四隅立巡更铺　三二六
〇四八九　正统七年七月二十一日　改京城十里河土桥为石桥　三二七
〇四九〇　正统七年七月二十一日　鸿胪寺修葺衙门　三二七
〇四九一　正统七年七月二十六日　修理南京太庙社稷坛俱完　三二七
〇四九二　正统七年七月二十六日　复除工部主事专理料砖　三二八
〇四九三　正统七年七月二十八日　楚王奏准于昭园庄园立碑　三二八

○四九四　正统七年七月　始置户部太仓库　三二八
○四九五　正统七年八月初六日　建五军都督府等衙门兴工　三二九
○四九六　正统七年八月二十四日　敕谕盖造弘化寺　三二九
○四九七　正统七年八月　建五府等于大明门之西　三三〇
○四九八　正统七年八月　诏复建翰林院公署　三三〇
○四九九　正统七年九月初二日　修礼部公署　三三三
○五〇〇　正统七年九月二十五日　宁王权奏请南极长生宫主持　三三三
○五〇一　正统七年九月　始置太仓银库　三三四
○五〇二　正统七年十月初三日　以民地给晋宪王营坟园　三三四
○五〇三　正统七年十月初八日　致书襄王随宜修治房屋　三三四
○五〇四　正统七年十月初九日　命毋徙惜薪司外厂四围居人　三三五
○五〇五　正统七年十月十四日　命修祖陵孝陵墙垣　三三五
○五〇六　正统七年十月十八日　工部郎中专理临清料砖　三三六
○五〇七　正统七年十月　谕严南海子禁例　三三六
○五〇八　正统七年十一月初二日　祀武成王于后军都督府　三三七
○五〇九　正统七年十一月初四日　上大行太皇太后尊谥　三三七
○五一〇　正统七年十一月初六日　建刑部都察院大理寺詹事府　三四〇
○五一一　正统七年十一月初七日　杨青卒　三四〇
○五一二　正统七年十一月十五日　江西左参议奏恤民六事　三四一
○五一三　正统七年十一月二十日　命修筑四川通济堰　三四一
○五一四　正统七年十一月二十四日　命往营献陵以合葬大行太皇太后　三四二
○五一五　正统七年十一月　建三法司詹事府　三四二
○五一六　正统七年十一月　建刑部都察院大理寺　三四三
○五一七　正统七年十一月　立重修颜子庙碑　三四三
○五一八　正统七年十二月十八日　令翰林院代撰楚昭庄二园碑　三四四
○五一九　正统七年十二月二十日　造献陵明楼　三四四
○五二〇　正统七年十二月二十三日　重建娲皇氏陵寝庙宇　三四四
○五二一　正统七年十二月二十七日　修宣武门阜财坊水关桥　三四五
○五二二　正统七年十二月　葬诚孝皇后　三四五
○五二三　正统七年十二月　葬太皇太后于献陵　三四五
○五二四　正统七年　修颜子庙成　三四六
○五二五　正统七年　作观象台　三四六
○五二六　正统七年　建翰林院　三四七
○五二七　正统七年　设户部太仓库　三四七
○五二八　正统七年　重建天宁寺　三四八
○五二九　正统七年　重修悯忠寺改额崇福　三四八
○五三〇　正统七年　赐华林寺额　三四九
○五三一　正统七年　吴中卒　三四九

正统八年　三五一

〇五三二　正统八年正月十七日　顺德长公主薨命工部治丧葬　三五二
〇五三三　正统八年正月二十日　令旗手卫自建卫署　三五二
〇五三四　正统八年正月二十二日　不允南京洞神宫徙居民　三五三
〇五三五　正统八年二月初八日　书复襄王允作朝堂等　三五三
〇五三六　正统八年二月十三日　作司礼监　三五四
〇五三七　正统八年二月十七日　不毁甘州旧肃王府　三五四
〇五三八　正统八年二月二十三日　太常寺丞妄改衙门获罪　三五五
〇五三九　正统八年二月二十四日　命以蕲州卫为荆王府　三五五
〇五四〇　正统八年二月二十四日　命大臣督修京仓　三五六
〇五四一　正统八年二月二十七日　致书郑王已命于怀庆建立王府　三五六
〇五四二　正统八年二月二十七日　赐怀柔定慧寺名　三五七
〇五四三　正统八年三月初十日　楚王薨赐圹志命有司营葬地　三五七
〇五四四　正统八年三月十五日　命大臣督修京仓　三五八
〇五四五　正统八年三月十五日　命于抽分场择材修南京仓廒　三五八
〇五四六　正统八年三月二十日　命所司经营辽王第宅　三五八
〇五四七　正统八年三月二十四日　营建献陵工毕　三五九
〇五四八　正统八年三月二十八日　濬瓜州坝东港　三五九
〇五四九　正统八年四月初三日　京师不必筑外城恐过劳费　三六〇
〇五五〇　正统八年四月十二日　建司礼监衙门毕　三六〇
〇五五一　正统八年四月十三日　修武伯沈清卒　三六〇
〇五五二　正统八年四月十七日　令朱勇自造成国公坟茔石人石兽　三六一
〇五五三　正统八年四月二十四日　不许赤斤蒙古卫建寺　三六二
〇五五四　正统八年四月二十六日　复书安化王起楼无妨　三六二
〇五五五　正统八年四月二十九日　令总兵官量度修治挽舟堤　三六三
〇五五六　正统八年四月　雷震奉天殿鸱吻　三六四
〇五五七　正统八年四月　雷震奉天殿　三六四
〇五五八　正统八年四月　雷震奉天殿鸱吻　三六四
〇五五九　正统八年四月　雷击奉天殿鸱吻　三六五
〇五六〇　正统八年五月初十日　梁府乞为庄王赐文立碑未准　三六五
〇五六一　正统八年五月十三日　为永嘉大长公主预造坟　三六六
〇五六二　正统八年五月二十四日　雷震奉天殿鸱吻　三六六
〇五六三　正统八年五月二十四日　雷震奉天殿鸱吻　三六六
〇五六四　正统八年五月二十八日　以雷震奉天殿鸱吻宽恤天下　三六七
〇五六五　正统八年五月二十八日　营建三法司詹事府毕工　三六八
〇五六六　正统八年五月二十八日　赦天下　三六八
〇五六七　正统八年五月二十八日　大赦　三六八
〇五六八　正统八年五月　雷震奉天殿　三六九
〇五六九　正统八年六月初二日　命建南京武学　三六九
〇五七〇　正统八年六月初四日　翰林院侍讲刘球下狱死　三六九

〇五七一 正统八年六月初六日 平治朝阳门外道途 三七一
〇五七二 正统八年六月十九日 修南海子等处桥 三七二
〇五七三 正统八年六月 修南海子红桥 三七二
〇五七四 正统八年七月初十日 国子监助教请择地改建太学 三七二
〇五七五 正统八年七月十八日 雷震南京西角门西角楼兽吻 三七三
〇五七六 正统八年七月十八日 雷震南京西角门楼兽吻 三七三
〇五七七 正统八年七月二十三日 命修天地坛大祀门等处 三七四
〇五七八 正统八年七月二十七日 濬南京城内外河 三七四
〇五七九 正统八年七月二十八日 赐金阁山灵真观名 三七四
〇五八〇 正统八年七月二十九日 命师生暂讲肄于故都察院 三七五
〇五八一 正统八年七月二十九日 修国子监 三七五
〇五八二 正统八年七月 命工部新建太学 三七五
〇五八三 正统八年八月初三日 以营建国子监祭告孔子 三七六
〇五八四 正统八年八月初三日 营国子监 三七六
〇五八五 正统八年八月初十日 免宋儒嫡派子孙差役 三七六
〇五八六 正统八年八月十三日 安成大长公主薨命工部营葬 三七七
〇五八七 正统八年八月 南京殿宇灾 三七八
〇五八八 正统八年九月初七日 命有司给物料工匠修造宁化王府 三七八
〇五八九 正统八年九月初八日 修完奉天殿鸱吻 三七八
〇五九〇 正统八年九月十五日 修南京礼部 三七九
〇五九一 正统八年九月十六日 允安成大长公主与驸马合葬 三七九
〇五九二 正统八年九月二十日 塑宋儒像于孔子庙庑 三七九
〇五九三 正统八年十月初一日 谕严南海子禁例 三八〇
〇五九四 正统八年十月初九日 造光禄寺养牲房 三八〇
〇五九五 正统八年十月十三日 命除顺德长公主坟所占民地税 三八一
〇五九六 正统八年十月二十日 永和昭定王享堂用黑瓦 三八一
〇五九七 正统八年十月二十六日 修国子监大成殿圣贤碑位祭器 三八一
〇五九八 正统八年十月二十七日 不以民田为庆成王妃坟茔神路 三八二
〇五九九 正统八年十月二十八日 增置御马监仓 三八二
〇六〇〇 正统八年十一月二十三日 致书郑王可移国怀庆 三八三
〇六〇一 正统八年十一月二十六日 晋恭王坟未立碑文石人石马 三八三
〇六〇二 正统八年十二月初八日 命依例祭祀看守静慈仙师坟园 三八四
〇六〇三 正统八年十二月十五日 营建静慈仙师坟园毕 三八四
〇六〇四 正统八年十二月十七日 营建国子监讫工 三八五
〇六〇五 正统八年十二月十七日 国子监成 三八五
〇六〇六 正统八年十二月二十三日 改平凉衙署为通渭王襄陵王府 三八六
〇六〇七 正统八年 雷震奉天殿吻 三八六
〇六〇八 正统八年 雷震奉天殿 三八七
〇六〇九 正统八年 重建左庙右学 三八七

正统九年

〇六四八 正统九年四月十二日 遣旗军采取材木建马坊 四一六
〇六四九 正统九年四月十五日 敕六部等庶政之施务求至当 四一七
〇六五〇 正统九年四月三十日 令卢沟巡检司巡逻卢沟桥堤 四一八
〇六五一 正统九年五月二十一日 韩王薨命有司营葬事 四一九
〇六五二 正统九年七月初二日 不允修葺西海河渎二庙 四一九
〇六五三 正统九年七月初十日 命大臣董修京仓 四二〇
〇六五四 正统九年闰七月初七日 南京守备奏南京大风雨雹灾 四二〇
〇六五五 正统九年闰七月初七日 敕谕修理天下岳镇海渎及祀典坛庙 四二二
〇六五六 正统九年闰七月初九日 修宣府缘边城墙墩台 四二三
〇六五七 正统九年闰七月十八日 敕建娲皇庙成 四二四
〇六五八 正统九年闰七月十八日 雷震奉先殿鸱吻 四二七
〇六五九 正统九年闰七月二十七日 令侵种官地及新辟地悉纳税 四二七
〇六六〇 正统九年闰七月 敕谕修理应祀神祇坛庙 四二八
〇六六一 正统九年八月初二日 大军仓成 四二八
〇六六二 正统九年八月十八日 书复楚王已命儒臣代撰昭庄碑文 四二九
〇六六三 正统九年八月二十八日 命南京诸修造材料已集者速 四二九
〇六六四 正统九年九月初六日 罢修南京吏部等衙门 四三〇
〇六六五 正统九年九月十五日 令广昌王自造祠堂 四三〇
〇六六六 正统九年十月初二日 建永乐十年进士题名碑于南京国子监 四三一
〇六六七 正统九年十月十二日 命营伊王庶子府第 四三一
〇六六八 正统九年十月十三日 造荆王府成 四三二
〇六六九 正统九年十月十七日 命辽东金州海州二卫祀天妃庙 四三二
〇六七〇 正统九年十月十九日 永宁伯谭广卒 四三三
〇六七一 正统九年十月二十日 颁释道大藏经典于天下寺观 四三四
〇六七二 正统九年十月二十二日 命韩府军校工匠营襄城王府第 四三四
〇六七三 正统九年十二月初五日 命修南京通济等十九门城垣 四三五
〇六七四 正统九年十二月十二日 置彰义门官房 四三五
〇六七五 正统九年十二月十二日 景陵神宫监右少监擅伐陵树论斩 四三五
〇六七六 正统九年十二月二十日 敕令诸匠役囚犯歇假明年上工 四三六
〇六七七 正统九年 修理南岳庙疏 四三六
〇六七八 正统九年 重修宗圣公庙 四三八
〇六七九 正统九年 诏修曾子庙 四三九
〇六八〇 正统九年 显陵神宫监右少监擅伐陵树处斩 四三九
〇六八一 正统九年 建司礼监大藏经厂 四四〇
〇六八二 正统九年 新建北京太学成 四四一
〇六八三 正统九年 新建太学成 四四一

○六八四　正统九年　建郑王府　四四一
○六八五　正统九年　郑府迁国怀庆　四四二
○六八六　正统九年　重修云居寺　四四二
○六八七　正统九年　修造卢沟桥　四四三
○六八八　正统九年　重修卢沟桥　四四六
○六八九　正统九年　重修卢沟桥　四四六

正统十年

四四七
○六九〇　正统十年正月初六日　修三山钟阜二门水关　四四八
○六九一　正统十年正月初七日　以军余火夫助工修南京坛庙　四四八
○六九二　正统十年正月初十日　忠义后卫仓火　四四九
○六九三　正统十年正月十六日　忠义前卫仓火　四四九
○六九四　正统十年正月二十日　太仓屡火遣官祭祀　四五〇
○六九五　正统十年正月二十五日　改旧太仓名京都太仓　四五〇
○六九六　正统十年正月二十五日　旧太仓曰京都太仓　四五〇
○六九七　正统十年正月二十九日　修南海子北门外红桥　四五一
○六九八　正统十年正月　修南海子北门外红桥　四五一
○六九九　正统十年二月初六日　修理南京太庙等命择日兴工　四五二
○七〇〇　正统十年三月十一日　谕严禁私建寺院　四五二
○七〇一　正统十年三月十一日　建献陵等卫仓　四五三
○七〇二　正统十年四月十一日　命拆临清等仓改为通州及在京仓　四五三
○七〇三　正统十年四月十二日　命修大功德禅寺　四五三
○七〇四　正统十年五月初七日　以居贤崇教二坊草场改筑粮仓　四五四
○七〇五　正统十年五月十一日　羽林前卫忠义后卫仓火　四五四
○七〇六　正统十年五月二十五日　预烧砖瓦以修理太岳太和山各宫　四五五
○七〇七　正统十年五月二十五日　查究擅居长安左右门朝房之罪　四五五
○七〇八　正统十年五月　以居贤崇教二坊草场改筑粮仓　四五六
○七〇九　正统十年六月初一日　治在玉泉山取石者罪　四五六
○七一〇　正统十年六月初九日　择南阳地为唐世子等第宅　四五七
○七一一　正统十年六月二十六日　命修甓京师城垣　四五七
○七一二　正统十年六月二十六日　甓京城　四五八
○七一三　正统十年六月　甓京城内垣　四五八
○七一四　正统十年六月　甓京城内垣　四五八
○七一五　正统十年六月　修京城内垣　四五九
○七一六　正统十年七月初二日　以兴工修理京都城垣祭告太庙　四五九
○七一七　正统十年七月初三日　命修滁阳王庙宇　四五九
○七一八　正统十年七月初七日　取在逃工匠有司不可怠缓　四六〇
○七一九　正统十年七月初九日　命驸马都尉等督修皇陵殿宇　四六〇
○七二〇　正统十年七月初九日　修凤阳陵殿城楼　四六一

○七二一 正统十年七月二十二日 通州义勇右卫仓火 四六一
○七二二 正统十年七月二十五日 命出内帑买材修孝陵正殿 四六二
○七二三 正统十年七月 修凤阳皇陵及白塔坟 四六二
○七二四 正统十年八月初七日 命筑治通州至京师路道 四六二
○七二五 正统十年九月初一日 修理皇陵祭告仁祖帝后 四六三
○七二六 正统十年九月初二日 书与秦王历数秦府承奉不法事 四六三
○七二七 正统十年九月初五日 修葺泰山昭真宫 四六四
○七二八 正统十年九月初九日 修顺天府学及文天祥祠 四六四
○七二九 正统十年九月三十日 命秦府自修社稷山川坛 四六四
○七三○ 正统十年十月十日 督工修理皇陵将完 四六五
○七三一 正统十年十月十八日 命大臣督修京城仓 四六五
○七三二 正统十年十月十九日 准湖广三司发工匠为襄王建府第 四六六
○七三三 正统十年十月二十五日 令匠逃三次发充军 四六六
○七三四 正统十年十一月二十八日 看花匠延烧御花房问斩 四六七
○七三五 正统十年 命太监大臣督工修甃京师城垣 四六七
○七三六 正统十年 命成国公朱勇等甃京师城垣 四六八
○七三七 正统十年 命成国公朱勇等甃旧城内面 四六八
○七三八 正统十年 荆王府自江西建昌迁蕲州 四六九
○七三九 正统十年 敕建正觉寺 四六九
○七四○ 正统十年 敕内臣提督修理太和山宫观 四七○

正统十一年 四七一

○七四一 正统十一年正月初九日 令在京见役各色匠作休息 四七二
○七四二 正统十一年正月二十六日 命修太庙 四七二
○七四三 正统十一年二月二十三日 异气现于华盖殿奉天殿 四七三
○七四四 正统十一年二月二十五日 敕谕宽恤之令 四七四
○七四五 正统十一年二月 重建兖州宗圣公庙落成 四七六
○七四六 正统十一年三月初五日 无官房与县主例 四七七
○七四七 正统十一年三月十三日 命大臣督工修大觉寺 四七八
○七四八 正统十一年三月十四日 以兴工修理城垣遣官祭祀 四七八
○七四九 正统十一年三月十七日 修理太庙社稷坛毕工 四七九
○七五○ 正统十一年四月初八日 修南京午门前两廊缺材 四七九
○七五一 正统十一年四月初九日 修城毕工 四八○
○七五二 正统十一年四月二十三日 方山王母妃坟用地如一品夫人例 四八○
○七五三 正统十一年四月二十三日 不允修理五台山显通寺 四八一
○七五四 正统十一年五月初十日 修刻观象仪器增盖晷影堂 四八一
○七五五 正统十一年五月二十一日 修南京甲字等库 四八二
○七五六 正统十一年五月二十一日 命工部毕驹河石桥工 四八二
○七五七 正统十一年五月二十七日 兖州护卫屯田军士多王府占用 四八三

〇七五八　正统十一年五月二十七日　修理大报恩寺　四八三
〇七五九　正统十一年五月二十七日　修南京大报恩寺　四八四
〇七六〇　正统十一年五月二十七日　禁京城外西北开窑取土　四八四
〇七六一　正统十一年六月十五日　命修京城北垣　四八五
〇七六二　正统十一年六月十五日　修京城　四八五
〇七六三　正统十一年七月初七日　敕修筑南京神策门后湖里城　四八五
〇七六四　正统十一年七月初八日　京都太仓大宁中卫仓火　四八六
〇七六五　正统十一年七月初八日　京都太仓大宁中卫仓火　四八六
〇七六六　正统十一年七月初十日　命罢修凤阳皇城殿宇　四八六
〇七六七　正统十一年七月十三日　修理都城东垣工毕　四八七
〇七六八　正统十一年七月二十五日　命徙近荆王府官民居室　四八七
〇七六九　正统十一年八月初三日　怒械祖陵督工官赴京治之　四八七
〇七七〇　正统十一年八月十一日　诏兴工修皇陵墙垣　四八八
〇七七一　正统十一年八月十二日　建通州八里庄桥　四八八
〇七七二　正统十一年八月二十三日　不允岷王预造生圹　四八九
〇七七三　正统十一年八月　作晷影堂　四八九
〇七七四　正统十一年九月初六日　命韩府校卒修葺平利王府　四八九
〇七七五　正统十一年九月十三日　命晋府校卒兼力用工益建府第　四九〇
〇七七六　正统十一年九月十四日　给辽庶人第宅听属王府　四九〇
〇七七七　正统十一年九月十六日　僧人私建佛寺坐杖充军　四九一
〇七七八　正统十一年九月十八日　监察大臣坐金川门草场火被劾　四九一
〇七七九　正统十一年十月初二日　彭城卫南新仓火　四九二
〇七八〇　正统十一年十月二十三日　敕修南京千步廊等工　四九二
〇七八一　正统十一年十月二十八日　修葺南京太庙社稷坛毕工　四九三
〇七八二　正统十一年十一月初七日　修理旧礼部为试院　四九三
〇七八三　正统十一年十一月初七日　改旧礼部为贡院　四九三
〇七八四　正统十一年十一月十二日　淮王薨命有司营葬　四九四
〇七八五　正统十一年十一月十二日　晋恭王妃薨　四九四
〇七八六　正统十一年十一月十三日　复命修祖陵殿宇　四九四
〇七八七　正统十一年十一月十七日　敕伊王自备物料工匠修庶子府　四九五
〇七八八　正统十一年十一月　敕建永通桥落成　四九五
〇七八九　正统十一年十二月初二日　周府灾　四九八
〇七九〇　正统十一年十二月十二日　代王桂薨命有司治丧葬　四九九
〇七九一　正统十一年　制观象台仪器　四九九
〇七九二　正统十一年　改旧礼部为试院　五〇〇
〇七九三　正统十一年　重修顺天府学　五〇〇
〇七九四　正统十一年　重修顺天府学　五〇〇
〇七九五　正统十一年　拆故顺天府学新之　五〇三
〇七九六　正统十一年　重修顺天府学　五〇四

○七九七　正统十一年　代简王葬採掠山　五〇四
○七九八　正统十一年　改建顺天府清凉寺　五〇五
○七九九　正统十一年　复修圣安寺易名普济寺　五〇五
○八〇〇　正统十一年　敕建通州八里庄桥　五〇六

正统十二年　五〇七

○八〇一　正统十二年正月二十三日　南京兵部尚书李郁卒　五〇八
○八〇二　正统十二年二月二十七日　火毁南京兵部厅房　五〇八
○八〇三　正统十二年三月初七　景陵卫仓火　五〇九
○八〇四　正统十二年三月　立楚昭王碑　五〇九
○八〇五　正统十二年三月　立楚庄王碑　五一六
○八〇六　正统十二年四月十二日　令晋府宁化王庆成王自建府第　五二〇
○八〇七　正统十二年四月十二日　减省代王坟茔地亩房屋　五二〇
○八〇八　正统十二年四月二十五日　修孝陵懿文陵讫工　五二一
○八〇九　正统十二年四月二十六日　令代府自办祭祀诸物　五二一
○八一〇　正统十二年闰四月初一日　修高梁桥闸　五二二
○八一一　正统十二年闰四月初三日　修都城北垣毕工　五二二
○八一二　正统十二年闰四月十七日　兔儿山东马房仓火　五二二
○八一三　正统十二年闰四月十八日　追取施智化寺物之民被发充军　五二三
○八一四　正统十二年闰四月十八日　修南京中军都督府　五二三
○八一五　正统十二年闰四月十八日　升蒯祥陆祥俱为工部主事　五二四
○八一六　正统十二年闰四月二十五日　福州府闽县知县言四事　五二五
○八一七　正统十二年闰四月二十六日　命修东岳庙城隍庙　五二六
○八一八　正统十二年五月初十日　中都留守司都指挥伐木皇陵下狱　五二七
○八一九　正统十二年五月十六日　修南京奉先殿　五二七
○八二〇　正统十二年五月十六日　修南奉先殿及帝王功臣诸庙　五二七
○八二一　正统十二年五月十六日　修南京奉先殿　五二八
○八二二　正统十二年五月十七日　外供用库草场火　五二八
○八二三　正统十二年五月十八日　修东岳庙兴工　五二八
○八二四　正统十二年五月十九日　命修南京历代帝王等十三庙　五二九
○八二五　正统十二年五月十九日　修南京各祠庙　五二九
○八二六　正统十二年五月二十六日　代简王丧葬毕　五三〇
○八二七　正统十二年六月初四日　南京山川坛灾　五三〇
○八二八　正统十二年六月初四日　南京山川坛灾　五三〇
○八二九　正统十二年六月初十日　处置侵占南宋帝王櫕宫豪民　五三一
○八三〇　正统十二年六月二十九日　修南海子北门大红桥　五三一
○八三一　正统十二年六月　南京山川坛灾　五三二
○八三二　正统十二年六月　修南海子北门外红桥　五三二

〇八三三　正统十二年七月二十六日　敕湖广三司修理长沙旧襄府　五三二
〇八三四　正统十二年七月二十九日　命大臣提督修盖一应仓厂　五三三
〇八三五　正统十二年八月初三日　修南京奉先殿工毕　五三三
〇八三六　正统十二年八月初四日　命修阙左门里贴黄房屋　五三三
〇八三七　正统十二年八月初五日　命修徐王坟　五三四
〇八三八　正统十二年八月十六日　造书板房于内府　五三四
〇八三九　正统十二年八月二十日　修长献景陵所用器皿　五三四
〇八四〇　正统十二年八月二十五日　重建京城东岳庙成御制碑文　五三五
〇八四一　正统十二年八月二十五日　命修南京大理寺　五三八
〇八四二　正统十二年八月二十五日　修东岳城隍二庙完　五三八
〇八四三　正统十二年八月二十五日　重建京城东岳庙成　五三九
〇八四四　正统十二年九月初九日　集材修造南京山川坛　五三九
〇八四五　正统十二年九月十七日　晋府临泉王薨命营葬赐圹志　五三九
〇八四六　正统十二年九月二十六日　修京都都城隍庙毕　五四〇
〇八四七　正统十二年十月初三日　命修南京左军都督府　五四〇
〇八四八　正统十二年十月十四日　重建城隍庙成　五四一
〇八四九　正统十二年十月十五日　除大功德寺所占田税粮　五四一
〇八五〇　正统十二年十月二十七日　许唐王自造小院宫室　五四一
〇八五一　正统十二年十一月初四日　重建城隍庙成御制碑文　五四二
〇八五二　正统十二年十一月二十六日　令改造宫禁及官府漏箭　五四六
〇八五三　正统十二年十一月二十八日　命修南京户部军储仓　五四六
〇八五四　正统十二年十一月二十九日　致仕吏部尚书郭琎卒　五四七
〇八五五　正统十二年十二月初一日　起补老疾病故工匠　五四七
〇八五六　正统十二年十二月初二日　镇国将军无造享堂例　五四八
〇八五七　正统十二年十二月十一日　汾州请展州治建粮仓　五四八
〇八五八　正统十二年十二月十七日　修青龙桥减水闸　五四九
〇八五九　正统十二年　令改造宫禁及官府漏箭　五四九
〇八六〇　正统十二年　重修开平忠武王祠　五四九
〇八六一　正统十二年　敕修常国公庙　五五〇
〇八六二　正统十二年　建通州永通桥　五五〇
〇八六三　正统十二年　重修法华寺赐额　五五一
〇八六四　正统十二年　重修赐名法华寺　五五一
〇八六五　正统十二年　重修赐名法华寺　五五三
〇八六六　正统十二年　令庶民房屋架多间少不禁　五五四

正统十三年

五五五
〇八六七　正统十三年正月初八日　遣使持节册封淮代等王　五五六
〇八六八　正统十三年正月初十日　广平江伯祠之制　五五六
〇八六九　正统十三年二月初三日　修大兴隆寺　五五七
〇八七〇　正统十三年二月初三日　修大兴隆寺　五五七

〇八七一　正统十三年二月十一日　敕赐太岳太和山紫霄等宫道经　五五八
〇八七二　正统十三年二月十七日　忠义前卫仓火　五五八
〇八七三　正统十三年二月　修大兴隆寺　五五九
〇八七四　正统十三年二月　太监王振重修庆寿寺　五五九
〇八七五　正统十三年三月初九日　命襄陵王受韩府所赐园池　五五九
〇八七六　正统十三年三月十一日　修南京鸿胪寺　五六〇
〇八七七　正统十三年四月初九日　命鲁府护卫旗军修造王府　五六〇
〇八七八　正统十三年四月二十二日　修北上门外小河西岸　五六一
〇八七九　正统十三年四月　重修通州开平忠武王庙成　五六一
〇八八〇　正统十三年五月初八日　以居贤坊草场地缮造仓廒　五六二
〇八八一　正统十三年五月十九日　晋王妃王氏薨　五六二
〇八八二　正统十三年五月二十五日　从肃王以废仓地址盖住宅　五六三
〇八八三　正统十三年五月二十八日　改天下儒学孔子像为右衽服　五六三
〇八八四　正统十三年六月二十一日　命修大兴县平津三闸　五六四
〇八八五　正统十三年六月二十三日　颁宗室造坟占地盖房令　五六四
〇八八六　正统十三年七月二十四日　命修南京前军都督府并钦天监　五六五
〇八八七　正统十三年八月初二日　命以奉神香钱修泰安东岳庙　五六五
〇八八八　正统十三年八月十五日　命如今式营葬万全县主　五六六
〇八八九　正统十三年八月二十九日　修葺祖陵东南木桥　五六六
〇八九〇　正统十三年九月初二日　修北中门里金水河　五六七
〇八九一　正统十三年九月初八日　修砌南沙等河　五六七
〇八九二　正统十三年九月初十日　左副都御使张琦卒　五六八
〇八九三　正统十三年九月十五日　宁王权薨命有司营葬　五六八
〇八九四　正统十三年九月十九日　命建沙河等处石桥　五六九
〇八九五　正统十三年九月二十九日　从沈王请为诸子建府第　五六九
〇八九六　正统十三年九月　建沙河等处石桥　五七〇
〇八九七　正统十三年十月初四日　大兴隆寺完工赐赏督工官军工匠　五七〇
〇八九八　正统十三年十月初四日　大兴隆寺成　五七〇
〇八九九　正统十三年十月　幸大兴隆寺　五七一
〇九〇〇　正统十三年十月　王振重修庆寿寺成　五七一
〇九〇一　正统十三年十一月十二日　许辽王自备工料修先王坟茔　五七二
〇九〇二　正统十三年十一月十三日　令失班人匠运缘河之砖　五七二
〇九〇三　正统十三年十一月二十日　不允有司修葺代府　五七三
〇九〇四　正统十三年十二月初二日　修南京太常寺　五七三
〇九〇五　正统十三年十二月初九日　甘州中护卫军余往修段干木祠堂　五七三
〇九〇六　正统十三年十二月十三日　改塑文天祥像　五七四
〇九〇七　正统十三年十二月二十三日　令庆城王自建府第　五七四

〇九〇八　正统十三年　重新都城隍庙　五七五
〇九〇九　正统十三年　重建东岳庙　五七五
〇九一〇　正统十三年　建安济桥　五七五
〇九一一　正统十三年　英宗御制大兴隆寺碑　五七六
〇九一二　正统十三年　重修大兴隆寺　五七九
〇九一三　正统十三年　太监王振修大兴隆寺　五七九
〇九一四　正统十三年　重修大觉寺　五七九
〇九一五　正统十三年　奉敕重修昭圣寺　五八〇
〇九一六　正统十三年　筑万寿寺戒坛　五八〇
〇九一七　正统十三年　守卫四城官军揭帖　五八三
〇九一八　正统十三年　定诸王坟茔地亩规制　五八五
〇九一九　正统十三年　定诸王坟茔地亩规制　五八五

正统十四年

五八七
〇九二〇　正统十四年正月十七日　金盏儿甸马房草场火烧略尽　五八八
〇九二一　正统十四年正月二十六日　不允宜伦郡主预造葬地　五八八
〇九二二　正统十四年正月三十日　造京城六门更鼓　五八九
〇九二三　正统十四年二月初三日　敕太监阮安等行视漕运水路　五八九
〇九二四　正统十四年二月初四日　造榆河永福永宁等桥工毕　五八九
〇九二五　正统十四年二月十四日　忠义前卫仓火　五九〇
〇九二六　正统十四年三月十三日　重修顺天府兴工　五九〇
〇九二七　正统十四年四月初二日　修南京后军都督府　五九〇
〇九二八　正统十四年四月初八日　立敕赐净宁寺碑　五九一
〇九二九　正统十四年四月十九日　修葺顺天府衙署　五九三
〇九三〇　正统十四年四月二十日　敕有司协助沁水王起造府第　五九三
〇九三一　正统十四年四月二十六日　修南京通济门水关闸　五九四
〇九三二　正统十四年四月三十日　诏宗室母妃夫人坟地亩如其夫子　五九四
〇九三三　正统十四年五月十二日　赐道藏经于南京神乐观　五九四
〇九三四　正统十四年六月初八日　南京谨身等殿灾　五九五
〇九三五　正统十四年六月初八日　南京三殿诸门皆毁　五九五
〇九三六　正统十四年六月初八日　南京三殿诸门皆毁　五九六
〇九三七　正统十四年六月初八日　南京三殿诸门皆烬　五九六
〇九三八　正统十四年六月初八日　南京三殿灾　五九六
〇九三九　正统十四年六月初八日　南京三殿灾　五九七
〇九四〇　正统十四年六月初八日　南京三殿灾　五九七
〇九四一　正统十四年六月初八日　南京三殿灾　五九七
〇九四二　正统十四年六月初八日　南京三殿灾　五九八
〇九四三　正统十四年六月初八日　三殿诸门皆毁　五九八
〇九四四　正统十四年六月初八日　南京谨身殿灾　五九八

○九四五 正统十四年六月十一日 安惠王妃徐氏薨 五九九
○九四六 正统十四年六月十二日 修西海子河岸 五九九
○九四七 正统十四年六月二十一日 颁布大赦天下诏 六〇〇
○九四八 正统十四年六月 南京宫殿俱灾 六〇二
○九四九 正统十四年六月 南京宫殿俱烬 六〇二
○九五〇 正统十四年六月 南京宫殿灾 六〇二
○九五一 正统十四年六月 南京各殿门灾 六〇二
○九五二 正统十四年六月 三殿灾 六〇三
○九五三 正统十四年六月 南京谨身等殿灾 六〇三
○九五四 正统十四年六月 南京三殿灾 六〇三
○九五五 正统十四年七月十四日 停止派买采办物料于四川 六〇四
○九五六 正统十四年八月十五日 王永和阵亡 六〇四
○九五七 正统十四年八月三十日 令罢修南京山川坛等工程 六〇五
○九五八 正统十四年九月初三日 命于京城堞口俱置门扉 六〇五
○九五九 正统十四年九月初六日 郕王颁即位诏 六〇六
○九六〇 正统十四年九月十一日 蒯祥陆祥升任员外郎 六〇七
○九六一 正统十四年九月十一日 国子监生上言勿再崇佛 六〇八
○九六二 正统十四年九月二十日 听选知县上言废佛 六〇九
○九六三 正统十四年九月二十五日 命修南京正阳等十一门 六一〇
○九六四 正统十四年十月初二日 罢修南京祠山广惠等八庙 六一〇
○九六五 正统十四年十月二十二日 达贼惊犯陵寝 六一一
○九六六 正统十四年十月二十二日 虏犯山陵 六一一
○九六七 正统十四年十月二十七日 命修献景二陵供器 六一一
○九六八 正统十四年十月 也先焚长献景陵殿寝祭器 六一二
○九六九 正统十四年十月 北虏焚长陵献陵 六一二
○九七〇 正统十四年十月 也先焚三陵殿寝祭器 六一二
○九七一 正统十四年十月 虏焚三陵殿寝祭器 六一三
○九七二 正统十四年十月 乜先焚陵殿 六一三
○九七三 正统十四年十月 也先焚长献二陵 六一四
○九七四 正统十四年十一月初二日 命毁肃王旧府为营房 六一四
○九七五 正统十四年十一月初四日 翰林院侍读上言不可迁都 六一五
○九七六 正统十四年十一月十一日 命所在有司修理城垣 六一六
○九七七 正统十四年十一月二十七日 滕怀王等坟为达贼所犯 六一六
○九七八 正统十四年十二月初二日 命修南京天地坛山川坛殿宇 六一七
○九七九 正统十四年十二月初十日 迁皇后于仁寿宫 六一七
○九八〇 正统十四年十二月 上皇后徙居仁寿宫 六一八
○九八一 正统十四年 北内火灾文渊阁藏书悉为灰烬 六一九
○九八二 正统十四年 南内大灾文渊阁藏书悉为灰烬 六二〇
○九八三 正统十四年 赐额崇真观 六二〇

○九八四　正统十四年　创建崇真观　六二一
○九八五　正统十四年　赐额崇真观　六二一
○九八六　正统十四年　奉敕重修广福寺　六二一

正统朝　六二三

○九八七　正统朝　营建成功　六二四
○九八八　正统间　营建三殿两宫　六二六
○九八九　正统中　三殿新成　六二七
○九九○　正统中　三殿新成　六二七
○九九一　正统中　革弘文馆　六二八
○九九二　正统中　改丽正门为正阳门　六二八
○九九三　正统间　改文明门为崇文门　六二九
○九九四　正统初　改齐化门为朝阳门　六二九
○九九五　正统间　改顺承门为宣武门　六二九
○九九六　正统间　改平则门为阜成门　六三○
○九九七　正统中　重修都城隍庙　六三○
○九九八　正统中　拓建东岳庙　六三一
○九九九　正统中　重修东岳庙　六三一
一○○○　正统初年　建紫微殿　六三二
一○○一　正统间　修葺三皇庙　六三二
一○○二　正统中　重建帝尧庙　六三三
一○○三　正统中　重建杜甫祠　六三三
一○○四　正统间　重修文丞相祠　六三四
一○○五　正统初　敕建天师府　六三四
一○○六　正统朝　始建应天府社稷坛　六三五
一○○七　正统初　程南云奉命书长陵碑　六三五
一○○八　正统中　翰林院公署落成　六三六
一○○九　正统朝　宣宗御制翰林院箴揭于后堂　六三六
一○一○　正统朝　宣宗御制翰林院箴揭于后堂　六三七
一○一一　正统中　都察院落成　六三七
一○一二　正统年　增置京卫七仓　六三八
一○一三　正统年间　改旧礼部为京师试院　六三八
一○一四　正统间　移进士题名碑于太学门外　六三八
一○一五　正统间　重建应天府学尊经阁　六三九
一○一六　正统朝　兴复庐山白鹿书院　六三九
一○一七　正统初　兴复庐山白鹿书院　六四○
一○一八　永乐至正统年间　建顺天府重熙等寺　六四○
一○一九　洪熙至正统年间　建顺天府旋罗等寺　六四一
一○二○　正统间　重建顺天府广恩寺　六四一
一○二一　宣德正统年间　建顺天府崇福等寺　六四二

一〇二二　宣德正统年间　建顺天府开化等寺　六四二
一〇二三　正统间　重建大兴隆寺　六四三
一〇二四　正统初　重修宏慈寺　六四三
一〇二五　正统间　改圣安寺为普济寺　六四四
一〇二六　正统中　重修天宁寺　六四四
一〇二七　正统中　修天宁寺　六四四
一〇二八　正统时　造功德寺佛像　六四五
一〇二九　正统间　赐上下华严寺额　六四六
一〇三〇　正统间　建上下华严寺　六四六
一〇三一　正统中　建万寿寺戒坛　六四七
一〇三二　正统中　改聚慧寺为万寿寺　六四八
一〇三三　正统年　敕建灵光寺　六四八
一〇三四　正统中　改建清凉寺　六四八
一〇三五　正统间　重建香山寺　六四八
一〇三六　正统间　建永安寺来青轩　六四九
一〇三七　正统间　重新白云观　六四九
一〇三八　正统中　重修白云观　六五〇
一〇三九　正统朝　重修白云观　六五〇
一〇四〇　宣德正统年间　建清真寺　六五〇
一〇四一　正统间　赐应天府宁海等寺额　六五一
一〇四二　正统间　赐建宁海寺　六五一
一〇四三　正统初　赐弘觉寺额　六五二
一〇四四　正统间　赐弘觉寺额　六五二
一〇四五　正统间　赐翼善寺额　六五三
一〇四六　正统中　重建金陵寺　六五三
一〇四七　正统中　重修金陵寺赐额　六五四
一〇四八　正统中　建永福寺赐额　六五四
一〇四九　正统中　建永福寺赐额　六五五
一〇五〇　正统中　建嘉善寺赐额　六五五
一〇五一　正统间　重建崇化寺赐额　六五六
一〇五二　正统间　重建德恩寺赐额　六五六
一〇五三　正统间　赐灵应观额　六五七
一〇五四　正统中　建栖真观赐额　六五七
一〇五五　正统年　建朝真观赐敕　六五八
一〇五六　正统间　赐光福寺名　六五八
一〇五七　正统中　赐普慧寺额　六五八
一〇五八　正统年　赐清真观名　六五九
一〇五九　正统中　彩绘宫殿拟用牛胶　六五九
一〇六〇　正统朝　诏取牛胶资彩绘　六五九
一〇六一　正统间　重修卢沟桥　六六〇

一〇六二　正统间　造安济桥　六六〇
一〇六三　正统年　建朝宗桥　六六〇

景泰元年

六六一
一〇六四　景泰元年正月初五日　命于天寿山之南筑城　六六二
一〇六五　景泰元年正月初六日　禁大兴隆寺僧不许开正门　六六二
一〇六六　景泰元年正月十七日　于东直等三门外筑场练兵　六六三
一〇六七　景泰元年正月　筑城天寿山南　六六三
一〇六八　景泰元年正月　筑城天寿山南　六六四
一〇六九　景泰元年闰正月初二日　建汤阴岳飞庙　六六四
一〇七〇　景泰元年闰正月初五日　拆通州空仓盖造于京师　六六五
一〇七一　景泰元年闰正月初五日　移通州空仓于京师　六六五
一〇七二　景泰元年闰正月初八日　遣散卫河两岸守砖官军　六六六
一〇七三　景泰元年闰正月十二日　缓修南京山川坛等工　六六六
一〇七四　景泰元年闰正月二十八日　韩王𧃚遣官葬祭　六六七
一〇七五　景泰元年闰正月二十九日　令钦天监踏勘筑立墩台　六六八
一〇七六　景泰元年闰正月　建岳飞庙于汤阴　六六八
一〇七七　景泰元年二月初二日　复书庆王不允移居腹里地方　六六九
一〇七八　景泰元年三月初八日　毁辽王府　六七〇
一〇七九　景泰元年三月二十九日　岷王𧃚命有司营葬　六七〇
一〇八〇　景泰元年四月十七日　命修南京天地社稷等坛　六七一
一〇八一　景泰元年五月十三日　置居庸关公馆　六七一
一〇八二　景泰元年五月十七日　命修南京江东等十四门　六七一
一〇八三　景泰元年五月二十八日　雷雨淹没南京军储仓米　六七二
一〇八四　景泰元年六月初一日　命修筑通济河岸　六七二
一〇八五　景泰元年六月十六日　京城外筑墩台烟墩　六七三
一〇八六　景泰元年六月十七日　诏修理南京城垣官舍民居　六七三
一〇八七　景泰元年六月二十二日　敕大臣筑临清城池　六七四
一〇八八　景泰元年六月三十日　广东布政司右参政郭循卒　六七五
一〇八九　景泰元年七月初一日　筑京城外墩台　六七五
一〇九〇　景泰元年七月二十七日　诏量发军夫修筑临清城　六七六
一〇九一　景泰元年七月　新建南京武学夫子庙成　六七六
一〇九二　景泰元年八月初二日　修理南京朝阳门外养牲房　六八〇
一〇九三　景泰元年八月初九日　敕礼部具迎接太上皇帝仪注　六八〇
一〇九四　景泰元年八月十九日　以太上皇帝还京大赦天下　六八一
一〇九五　景泰元年八月十九日　阅视南京大臣言守备之策　六八三
一〇九六　景泰元年八月　上皇入居南宫　六八四
一〇九七　景泰元年九月初二日　筑城以护通州大运西仓　六八五
一〇九八　景泰元年九月初二日　筑通州大运西仓城　六八五
一〇九九　景泰元年九月初四日　诏定军匠月粮　六八六

一一〇〇 景泰元年九月二十日 修南京正阳门城垣并石桥 六八六
一一〇一 景泰元年九月二十二日 置通州大运西仓土堡 六八六
一一〇二 景泰元年十月初七日 停拆卸德州城外仓 六八七
一一〇三 景泰元年十一月初六日 真定大长公主薨命有司营葬 六八七
一一〇四 景泰元年十二月初四日 修平津闸 六八八
一一〇五 景泰元年十二月十四日 工部补完长献景三陵祭器 六八八
一一〇六 景泰元年十二月十四日 命有司逮逃匠 六八九
一一〇七 景泰元年十二月十五日 真定大长公主夫妇合葬 六八九
一一〇八 景泰元年十二月二十日 铺设长献景三陵灵座 六九〇
一一〇九 景泰元年 建巩华城行宫 六九〇
一一一〇 景泰元年 筑永安城设长陵卫 六九〇
一一一一 景泰元年 筑城天寿山南 六九一
一一一二 景泰元年 建大忠祠 六九一

景泰二年 六九三

一一一三 景泰二年正月十一日 建置淮王诸弟妹府第 六九四
一一一四 景泰二年正月十四日 诏甃通州大运西仓土堡 六九四
一一一五 景泰二年正月十八日 命修玉河堤濬安定门东城河 六九四
一一一六 景泰二年正月十八日 蠲真定大长公主坟地粮草 六九五
一一一七 景泰二年正月十九日 赐兴安侯南京官房 六九五
一一一八 景泰二年正月二十日 韩宪王妃冯氏薨命有司营葬 六九五
一一一九 景泰二年正月二十四日 重建长陵神宫监 六九六
一一二〇 景泰二年正月二十四日 重建长陵神宫监 六九六
一一二一 景泰二年二月十五日 南京雷雨击损大报恩寺塔 六九六
一一二二 景泰二年二月十五日 南京雷震损大报恩寺塔 六九七
一一二三 景泰二年二月十七日 三陵城垣已修完 六九七
一一二四 景泰二年二月十九日 命暂厝韩王妃冯氏于西土 六九八
一一二五 景泰二年二月二十六日 命葬阵亡将士遗骨 六九八
一一二六 景泰二年三月初一日 修理南京国子监 六九九
一一二七 景泰二年三月初七日 命给修城军民匠月米 七〇〇
一一二八 景泰二年三月十五日 奉皇太后谕取瘗战死之骨 七〇一
一一二九 景泰二年三月二十四日 命工部安厝梁王妃坟 七〇三
一一三〇 景泰二年三月二十四日 命迁葬梁王妃 七〇三
一一三一 景泰二年三月二十九日 移武清卫仓于大运西仓旧基 七〇三
一一三二 景泰二年四月十二日 书复安化王不允移府 七〇四
一一三三 景泰二年四月十三日 京城官店塌房勘实收钞 七〇四
一一三四 景泰二年四月十四日 梁庄王妃魏氏薨命有司营葬 七〇五
一一三五 景泰二年四月二十二日 免太原府轮班工匠 七〇五
一一三六 景泰二年五月初五日 造屋覆盖进士题名碑 七〇六
一一三七 景泰二年五月十一日 诏就本地安葬岷王 七〇六

景泰三年

一一七五 景泰三年五月初二日 以册立皇后太子诏天下 七二九
一一七六 景泰三年五月十五日 更封沂王荣王许王 七三一
一一七七 景泰三年五月二十日 凤阳府重新孔子庙学落成 七三二
一一七八 景泰三年五月二十二日 革武学 七三四
一一七九 景泰三年五月二十四日 册封岷王益阳王 七三五
一一八〇 景泰三年五月二十八日 国学不罢工役 七三五
一一八一 景泰三年六月初三日 命造大隆福寺 七三六
一一八二 景泰三年六月初三日 作隆福寺 七三六
一一八三 景泰三年六月二十九日 雷击宫庭中门 七三六
一一八四 景泰三年六月二十九日 雷震大内中门 七三七
一一八五 景泰三年六月二十九日 雷击宫庭中门 七三七
一一八六 景泰三年六月 命建大隆福寺 七三七
一一八七 景泰三年六月 建大隆福寺 七三八
一一八八 景泰三年七月初一日 增给修造大隆福寺官军行粮 七三八
一一八九 景泰三年七月初三日 命南京修大报恩寺 七三九
一一九〇 景泰三年七月初六日 诏修理在京坍塌仓廒 七三九
一一九一 景泰三年七月初七日 增宁化懿简王葬地如亲王制 七四〇
一一九二 景泰三年七月二十七日 不允迁岷府 七四〇
一一九三 景泰三年七月二十八日 填筑京城道路 七四一
一一九四 景泰三年七月 重修顺天府署落成 七四一
一一九五 景泰三年八月初四日 城凤阳 七四二
一一九六 景泰三年八月初八日 修葺孝陵宝山城内墙垣 七四二
一一九七 景泰三年八月十八日 秦王府火 七四二
一一九八 景泰三年八月十八日 秦王府火 七四三
一一九九 景泰三年八月二十二日 改造四夷馆 七四三
一二〇〇 景泰三年九月十三日 议加广大成殿 七四四
一二〇一 景泰三年九月十七日 命秦府自修被火殿宇 七四五
一二〇二 景泰三年闰九月初十日 罢修中都天地坛 七四五
一二〇三 景泰三年闰九月十二日 添造大隆福寺僧房 七四五
一二〇四 景泰三年十一月初三日 书谕岷王不允移府 七四六
一二〇五 景泰三年十一月初七日 给襄王空闲山地一百顷 七四六
一二〇六 景泰三年十一月初七日 天寿山长陵等卫包砌土城毕 七四七
一二〇七 景泰三年十一月二十四日 许王薨以年幼减省 七四七
一二〇八 景泰三年十一月二十九日 周王薨命有司营葬 七四八
一二〇九 景泰三年十二月初五日 修南京詹事府 七四八
一二一〇 景泰三年十二月初八日 赏孝陵等卫官军修筑城堡功 七四九
一二一一 景泰三年十二月十三日 修南京銮驾库 七四九
一二一二 景泰三年十二月二十日 拨吏科北廊房三间予礼部 七五〇
一二一三 景泰三年十二月二十八日 改旧都察院为帅府 七五一
一二一四 景泰三年十二月二十九日 书复安化安塞二王均分内官房 七五一

一二一五　景泰三年　造驼房于郑村坝　七五二
一二一六　景泰三年　令南京各仓筑立高厚墙垣　七五二
一二一七　景泰三年　令官攒库斗人等修葺仓场　七五二
一二一八　景泰三年　葬岷庄王　七五三
一二一九　景泰三年　建大隆福寺　七五三
一二二〇　景泰三年　肇建隆福寺　七五三
一二二一　景泰三年　敕赐丹徒善禧寺额　七五四

景泰四年　七五五

一二二二　景泰四年正月十六日　言官请建北京功臣庙　七五六
一二二三　景泰四年二月十二日　诏填筑京城抵通州街道　七五七
一二二四　景泰四年三月初五日　修京城九门水关　七五七
一二二五　景泰四年三月十二日　修南京鸿胪寺　七五七
一二二六　景泰四年三月二十六日　大隆福寺工成　七五八
一二二七　景泰四年三月二十六日　大隆福寺成　七五八
一二二八　景泰四年三月三十日　大理寺左少卿致仕韩翼卒　七五九
一二二九　景泰四年三月　大隆福寺成　七六〇
一二三〇　景泰四年三月　大隆福寺成　七六〇
一二三一　景泰四年四月初九日　致仕大理寺左少卿沈灿卒　七六一
一二三二　景泰四年四月初九日　诏准襄王营造寿藏　七六一
一二三三　景泰四年四月二十一日　命天下诸色工匠四六分拨用工　七六二
一二三四　景泰四年四月二十九日　运河船顺带砖暂改纳粮　七六二
一二三五　景泰四年四月　新建龙福寺成　七六二
一二三六　景泰四年五月十七日　监察御史奏弭南京灾异　七六三
一二三七　景泰四年五月十八日　修牺牲所　七六四
一二三八　景泰四年七月初十日　命修滁阳王庙　七六四
一二三九　景泰四年七月初十日　修滁阳王庙　七六五
一二四〇　景泰四年七月二十五日　诏停天下不急工役　七六五
一二四一　景泰四年八月十七日　造通州大运中仓　七六五
一二四二　景泰四年八月二十一日　准修理蕲水王府　七六六
一二四三　景泰四年八月二十七日　议迁建国子监　七六六
一二四四　景泰四年八月　阮安卒　七六七
一二四五　景泰四年九月二十二日　光禄寺火延大官署宰牲房　七六七
一二四六　景泰四年十月初七日　命修理南京太庙社稷坛　七六八
一二四七　景泰四年十月二十九日　命大臣撰南京国子监庙学碑文　七六八
一二四八　景泰四年十一月初五日　命修皇陵白塔坟殿宇　七六八
一二四九　景泰四年十一月十三日　荆王薨命有司营葬　七六九
一二五〇　景泰四年十一月十九日　皇太子见济薨　七六九
一二五一　景泰四年十一月　怀献太子葬西山　七七〇

一二五二 景泰四年 敕修南京太学之碑 七七〇
一二五三 景泰四年 重建南京国子监土地祠 七七四
一二五四 景泰四年 大隆福寺成 七七五
一二五五 景泰四年 建大隆福寺 七七五
一二五六 景泰四年 盖造隆福寺 七七六
一二五七 景泰四年 建隆福寺 七七六
一二五八 景泰四年 改建法林寺 七七六

景泰五年 七七七

一二五九 景泰五年二月初一日 南京修理太庙兴工 七七八
一二六〇 景泰五年三月初八日 命修南京观星台 七七八
一二六一 景泰五年三月十四日 言官奏省班匠以纾民力 七七九
一二六二 景泰五年三月十八日 令加意修理南京太庙社稷坛 七八〇
一二六三 景泰五年三月二十六日 诏内府油椿每五年一换 七八一
一二六四 景泰五年四月初二日 户部请以京城野草饲马 七八一
一二六五 景泰五年四月十五日 盖造荆王坟 七八三
一二六六 景泰五年四月二十日 命大臣祭告祖陵 七八三
一二六七 景泰五年四月二十四日 更定工匠班次 七八四
一二六八 景泰五年四月二十八日 监察御史奏除奸弊诸事 七八五
一二六九 景泰五年四月 大隆福寺成 七八七
一二七〇 景泰五年五月二十七日 南京横海卫仓失火 七八七
一二七一 景泰五年五月 增高南宫墙 七八七
一二七二 景泰五年七月初八日 毁旧齐府栋梁以修城楼 七八八
一二七三 景泰五年七月十四日 诏工部修筑京师九门城垣 七八八
一二七四 景泰五年七月二十日 修中都留守司城 七八八
一二七五 景泰五年七月二十七日 赵王薨命有司营葬 七八九
一二七六 景泰五年七月 京师九门城垣多坏 七八九
一二七七 景泰五年七月 命建永丰观 七九〇
一二七八 景泰五年八月初一日 工部奏南京火延烧应天府署 七九〇
一二七九 景泰五年八月初六日 大臣奏修筑淮安徐州仓城 七九一
一二八〇 景泰五年八月二十四日 修南京锦衣卫等十卫仓 七九二
一二八一 景泰五年十月初五日 修理观星台上梁 七九二
一二八二 景泰五年十月初七日 诏修南京十七门城垣楼铺 七九二
一二八三 景泰五年十一月初四日 诏修南京新河口堤岸 七九三
一二八四 景泰五年十一月初九日 改造应天府试院 七九三
一二八五 景泰五年十二月十一日 令毁内使太监私造佛庵 七九四
一二八六 景泰五年十二月十三日 不许私占南京城壕 七九五
一二八七 景泰五年 南京大火 七九五
一二八八 景泰五年 改造应天府试院 七九五
一二八九 景泰五年 改立南京试院 七九六

一二九〇　景泰五年　重建文昌宫　七九六
一二九一　景泰五年　新建文昌宫　七九七
一二九二　景泰五年　重建文昌宫　七九七
一二九三　景泰五年　文昌宫在靖恭坊　七九八
一二九四　景泰五年　创建隆安寺　七九八
一二九五　景泰五年　赐额兴国寺　七九九
一二九六　景泰五年　赐额隆教寺　七九九

景泰六年

八〇一
一二九七　景泰六年二月二十日　增置通州仓　八〇二
一二九八　景泰六年三月初二日　造内观象台简仪成　八〇二
一二九九　景泰六年三月初十日　建将军直房于左右阙门之侧　八〇二
一三〇〇　景泰六年三月二十八日　诏速建沁水王子女府第　八〇三
一三〇一　景泰六年四月初三日　增建御花房　八〇三
一三〇二　景泰六年四月　增建御花房　八〇四
一三〇三　景泰六年五月初十日　修礼部四司　八〇四
一三〇四　景泰六年五月十五日　赐云岩寺额　八〇五
一三〇五　景泰六年六月十五日　修居庸关城毕功　八〇五
一三〇六　景泰六年六月二十二日　诏建内官直房　八〇六
一三〇七　景泰六年闰六月初七日　易午门朝钟　八〇六
一三〇八　景泰六年闰六月初十日　修盖通州仓廒日久弗成　八〇六
一三〇九　景泰六年闰六月二十六日　命修宛平县华家闸　八〇七
一三一〇　景泰六年闰六月二十九日　命疏浚京城沟渠　八〇七
一三一一　景泰六年七月初五日　监察御史请停土木工作　八〇八
一三一二　景泰六年七月二十八日　秦王薨命有司营葬　八〇九
一三一三　景泰六年八月十五日　令修理观星台　八〇九
一三一四　景泰六年八月十八日　诏濬京师城河　八一〇
一三一五　景泰六年八月二十八日　巡按御史奏革旌表门　八一〇
一三一六　景泰六年八月　令修理观象台　八一一
一三一七　景泰六年九月初一日　修内府都知监　八一一
一三一八　景泰六年九月初二日　永嘉大长公主薨命有司营葬　八一一
一三一九　景泰六年九月初十日　修内府御药库　八一二
一三二〇　景泰六年九月十六日　命修南京城垣水洞　八一二
一三二一　景泰六年九月二十四日　令减张家湾运木抽分　八一三
一三二二　景泰六年九月三十日　命修建先贤祠宇　八一四
一三二三　景泰六年十月二十一日　衍圣公卒令有司治丧葬　八一四
一三二四　景泰六年十月二十三日　修南岳庙　八一五
一三二五　景泰六年十一月　改建南京成贤街号舍　八一五
一三二六　景泰六年十一月　妙清观落成　八一六
一三二七　景泰六年十二月二十六日　挑通济河岸及筑堤　八一六

景泰七年

一三六六 景泰七年十月初一日 赐锦衣卫百户香火院 八四一
一三六七 景泰七年十月初三日 修北京国子监 八四一
一三六八 景泰七年十月十一日 勘地起盖寿陵卫衙门营房 八四二
一三六九 景泰七年十月十二日 有司为安塞王建置家庙 八四二
一三七〇 景泰七年十一月二十二日 修南京聚宝门城垣 八四三
一三七一 景泰七年十一月二十五日 修天地坛丹陛石栏 八四三
一三七二 景泰七年十一月二十九日 盗窃天地坛斋宫 八四四
一三七三 景泰七年十二月十三日 建金龙四大王祠 八四五
一三七四 景泰七年 重建白云观长春殿 八四五

景泰朝 八四七

一三七五 景泰朝 金水河桥成 八四八
一三七六 景泰中 造屋覆盖进士题名碑 八四八
一三七七 景泰年 不允改国子监基址 八四八
一三七八 景泰间 敕建大河神庙 八四九
一三七九 景泰中 新梓潼帝君庙 八四九
一三八〇 景泰间 隆福寺落成 八五〇
一三八一 景泰朝 建大隆福寺 八五〇
一三八二 景泰年间 建大隆福寺 八五〇
一三八三 景泰朝 建大隆福寺 八五二
一三八四 景泰初 拆大兴隆寺前牌坊 八五三
一三八五 景泰年间 建崇恩寺北观音寺 八五三
一三八六 景泰中 敕建法华寺 八五四
一三八七 景泰中 敕建法华寺 八五四
一三八八 景泰中 重建敕赐云岩寺 八五五
一三八九 景泰间 改真武庙为妙缘观 八五六
一三九〇 景泰间 敕建清虚观 八五六
一三九一 景泰间 募建佛国寺 八五六
一三九二 景泰间 赐吉祥寺普门寺额 八五七
一三九三 景泰中 阮安卒 八五七

天顺元年 八五九

一三九四 天顺元年正月二十一日 以复位改元大赦天下 八六〇
一三九五 天顺元年正月二十四日 敕毋令内官兼管差拨人匠 八六一
一三九六 天顺元年二月初一日 皇太后制谕宗室群臣 八六二
一三九七 天顺元年二月初一日 降蒯祥陆祥官仍旧管工 八六四
一三九八 天顺元年二月初五日 发僧录司右阐教充军 八六五
一三九九 天顺元年二月初六日 发僧德观充军 八六五
一四〇〇 天顺元年二月十七日 王骥奏请夺东上南门功 八六六
一四〇一 天顺元年二月十九日 郕王薨葬祭礼如亲王制 八六六

一四〇二 天顺元年二月十九日 郕王薨谥曰戾 八六七
一四〇三 天顺元年二月十九日 郕王薨于西宫 八六七
一四〇四 天顺元年二月十九日 诏郕王丧葬悉依亲王例 八六八
一四〇五 天顺元年二月十九日 郕王薨 八六八
一四〇六 天顺元年二月二十六日 郕戾王葬金山 八六八
一四〇七 天顺元年二月 郕王薨谥曰戾葬金山 八六九
一四〇八 天顺元年三月初二日 请造完南京山川坛 八七〇
一四〇九 天顺元年三月初六日 遣使册立皇太子封诸王 八七〇
一四一〇 天顺元年三月十五日 枷内官于内府新房外 八七二
一四一一 天顺元年三月二十一日 修彰义门广济庵 八七二
一四一二 天顺元年三月 建秀王府 八七二
一四一三 天顺元年三月 建吉王府 八七三
一四一四 天顺元年四月初六日 增修锦衣卫狱 八七三
一四一五 天顺元年四月十三日 修太庙社稷坛 八七三
一四一六 天顺元年四月二十四日 命文武百官朝见襄王 八七四
一四一七 天顺元年四月二十六日 设柴厂于易州 八七四
一四一八 天顺元年四月 追复王振官立祠曰旌忠 八七五
一四一九 天顺元年五月初七日 命预造襄王园寝 八七五
一四二〇 天顺元年五月初十日 谕大兴宛平各设养济院 八七六
一四二一 天顺元年五月十一日 命毁寿陵 八七七
一四二二 天顺元年五月十一日 毁废帝郕王寿陵 八七八
一四二三 天顺元年五月 京城大风雷电雨雹 八七八
一四二四 天顺元年五月 毁景泰寿陵 八七八
一四二五 天顺元年五月 立王振祠 八七九
一四二六 天顺元年六月初七日 雨雹摧毁奉天门东吻牌 八七九
一四二七 天顺元年六月初七日 雨雹毁奉天殿东鸱吻 八八〇
一四二八 天顺元年六月初七日 雨雹摧毁奉天门东吻牌 八八一
一四二九 天顺元年六月初七日 大雨雹坏奉天门鸱吻 八八一
一四三〇 天顺元年六月十二日 命督修正阳门等城门楼铺 八八一
一四三一 天顺元年六月 大风雹坏奉天门东吻 八八二
一四三二 天顺元年六月 雨雹击毁奉天殿东吻 八八二
一四三三 天顺元年七月初二日 命修理朝阳门至通州桥道 八八二
一四三四 天顺元年七月初三日 修神机营 八八三
一四三五 天顺元年七月初五日 承天门灾 八八三
一四三六 天顺元年七月初六日 上躬祷于昊天后土 八八四
一四三七 天顺元年七月十二日 以承天门灾诏大赦天下 八八五
一四三八 天顺元年七月二十二日 命勘视修理皇陵并白塔坟 八八七
一四三九 天顺元年七月二十二日 增拨仁庙妃坟茔看守坟户 八八八
一四四〇 天顺元年七月 承天门灾命阁臣草诏 八八八
一四四一 天顺元年七月 承天门灾下诏修省宽恤 八八九

一四四二　天顺元年七月　承天门灾下诏责躬大赦天下　八九〇
一四四三　天顺元年七月　承天门灾命草诏罪己　八九〇
一四四四　天顺元年七月　承天门火　八九一
一四四五　天顺元年七月　承天门灾下诏罪己　八九一
一四四六　天顺元年八月初一日　命内府各监局军匠月支米五斗　八九一
一四四七　天顺元年八月二十四日　修承天门外左右直房　八九二
一四四八　天顺元年九月初二日　令寺僧募缘修理庐山万寿禅寺　八九二
一四四九　天顺元年九月初六日　给天寿山役作官军行粮　八九二
一四五〇　天顺元年九月十三日　给天寿山防护役作官军口粮　八九三
一四五一　天顺元年九月十九日　沈王薨命有司治丧葬　八九三
一四五二　天顺元年九月二十日　书复襄王令造完寿葬　八九三
一四五三　天顺元年十月初七日　赐故太监王振葬祭　八九四
一四五四　天顺元年十月初八日　赐岳飞庙额曰忠烈　八九四
一四五五　天顺元年十月二十八日　赐在京并浙江等处四十寺额　八九五
一四五六　天顺元年十月　赐宋将岳飞庙额忠烈　八九五
一四五七　天顺元年十一月二十日　取旧齐府器皿赴京　八九五
一四五八　天顺元年十一月二十二日　兵部尚书奏移居　八九六
一四五九　天顺元年十二月初七日　修饬天地坛牌额　八九六
一四六〇　天顺元年十二月十五日　华阳王诬告弟僭越　八九六
一四六一　天顺元年十二月十八日　命修衡州南岳祠　八九七
一四六二　天顺元年　毁景帝后杭氏明楼　八九七
一四六三　天顺元年　毁景帝所营寿陵　八九八
一四六四　天顺元年　建德王府　八九八
一四六五　天顺元年　始立易州山厂　八九八
一四六六　天顺元年　赐额灵云寺　八九九
一四六七　天顺元年　改南观音寺为灵藏寺　八九九
一四六八　天顺元年　修妙应寺　九〇〇
一四六九　天顺元年　赐额妙应寺　九〇〇
一四七〇　天顺元年　赐额妙应寺　九〇一
一四七一　天顺元年　报恩寺更名昭宁寺　九〇一
一四七二　天顺元年　建安国寺　九〇二
一四七三　天顺元年　建接待寺　九〇二
一四七四　天顺元年　建广济庵　九〇三

天顺二年　九〇五

一四七五　天顺二年正月三十日　太常寺卿程南云卒　九〇六
一四七六　天顺二年二月初一日　王府造坟例应地五十亩　九〇六
一四七七　天顺二年二月初四日　修造宁府宗庙承运殿　九〇七
一四七八　天顺二年二月初七日　令姑已岷王府造办祭器乐器　九〇七
一四七九　天顺二年二月十八日　修南海子行殿及桥　九〇八

一四八〇 天顺二年二月二十一日 禁官民衣服花样颜色 九〇八
一四八一 天顺二年二月 暴风拔孝陵树木 九〇九
一四八二 天顺二年二月 暴风摧懿文陵殿 九〇九
一四八三 天顺二年闰二月十一日 修沙河行殿 九〇九
一四八四 天顺二年闰二月十七日 令整理秦康王坟园 九一〇
一四八五 天顺二年三月初七日 有司营葬者宜令夫妇同坟茔 九一〇
一四八六 天顺二年三月十九日 命修理懿文陵 九一一
一四八七 天顺二年三月二十三日 大善殿奉先殿缺少乐器 九一一
一四八八 天顺二年三月二十三日 命锦衣卫百户自拓建梓潼神庙 九一二
一四八九 天顺二年三月二十六日 命建处州府刘基祠堂 九一二
一四九〇 天顺二年四月初八日 皇太子初讲学于文华殿 九一三
一四九一 天顺二年四月初十日 命修整文渊阁 九一三
一四九二 天顺二年四月十一日 命修南京朝阳门楼 九一三
一四九三 天顺二年五月初二日 器皿厂火 九一四
一四九四 天顺二年五月初二日 增造天地坛养牲房 九一四
一四九五 天顺二年五月十九日 敕用南京形势大样图本进奏 九一四
一四九六 天顺二年五月二十四日 命将太清观真武庙给还道士 九一五
一四九七 天顺二年五月二十五日 命修理景陵香殿 九一五
一四九八 天顺二年六月二十三日 雷震大祀殿脊吻 九一六
一四九九 天顺二年六月二十三日 雷震大祀殿鸱吻 九一六
一五〇〇 天顺二年八月初二日 命给襄府造坟军匠口粮 九一六
一五〇一 天顺二年八月初八日 命修祖陵祠祭署 九一七
一五〇二 天顺二年八月二十日 建山川坛斋宫 九一七
一五〇三 天顺二年八月二十日 立山川坛斋宫 九一七
一五〇四 天顺二年八月二十四日 敕谕李贤等编舆地之书 九一八
一五〇五 天顺二年八月二十四日 南京后军都督佥事张通卒 九一九
一五〇六 天顺二年十月初十日 校猎南海子 九一九
一五〇七 天顺二年十月 帝猎南苑 九二〇
一五〇八 天顺二年十月 上校猎南苑 九二〇
一五〇九 天顺二年十一月初一日 修玉河东西堤 九二一
一五一〇 天顺二年十二月二十四日 建山川坛斋宫 九二一
一五一一 天顺二年十二月 建斋宫于社稷坛 九二二
一五一二 天顺二年 撤中都中书省等衙门房 九二二
一五一三 天顺二年 亲王以下先故者并造夫妇坟圹 九二三
一五一四 天顺二年 文武大臣先故者并造夫妇坟圹 九二三
一五一五 天顺二年 亲王以下先故者合造夫妇坟圹 九二四
一五一六 天顺二年 白塔寺改名妙应寺 九二四
一五一七 天顺二年 白塔寺改名妙应寺 九二四
一五一八 天顺二年 万安寺改名妙应寺 九二五
一五一九 天顺二年 赐玉虚观额 九二五

一五二〇　天顺二年　赐通州靖嘉寺额　九二六

天顺三年

一五二一　天顺三年正月十二日　命礼部议为王振赠谥　九二七
一五二二　天顺三年正月二十八日　俟年丰起建晋王府门殿　九二八
一五二三　天顺三年正月三十日　修安定门桥　九二八
一五二四　天顺三年正月　命官员往淮徐督运大木　九二九
一五二五　天顺三年二月二十七日　增置通州大运仓　九二九
一五二六　天顺三年二月　诏风雷山川坛壝创斋宫　九二九
一五二七　天顺三年三月初八日　修南京銮驾库　九三〇
一五二八　天顺三年三月初十日　令修补南城翔凤等殿　九三〇
一五二九　天顺三年三月初十日　增建南内翔凤等殿　九三一
一五三〇　天顺三年四月初四日　增建南内殿宇　九三一
一五三一　天顺三年四月初六日　赐诸大臣游西苑　九三二
一五三二　天顺三年四月初六日　赐诸大臣游西苑　九三二
一五三三　天顺三年四月初六日　赐诸大臣游西苑　九三三
一五三四　天顺三年四月初十日　赐东宫及诸王庄田　九三四
一五三五　天顺三年四月二十八日　襄陵王请预造生圹　九三六
一五三六　天顺三年四月三十日　疏濬自通州抵扬州河道　九三六
一五三七　天顺三年四月　增建南内殿宇　九三七
一五三八　天顺三年四月　赐诸大臣游西苑　九三七
一五三九　天顺三年四月　立敕赐永隆寺碑　九三八
一五四〇　天顺三年六月初十日　南城之西起盖殿宇兴工　九三九
一五四一　天顺三年六月二十二日　禁盱眙第一诸山伐石立窑　九四〇
一五四二　天顺三年六月　重建法林寺竣工　九四〇
一五四三　天顺三年七月初一日　遣官提督运楠杉木赴京　九四一
一五四四　天顺三年七月初九日　南城之西殿宇竖柱上梁　九四一
一五四五　天顺三年七月　赐游南城　九四一
一五四六　天顺三年八月初六日　盖造南京山川坛殿宇完毕　九四二
一五四七　天顺三年八月初十日　兴工修理皇陵白塔坟　九四二
一五四八　天顺三年九月十四日　修造内府宝钞司　九四三
一五四九　天顺三年九月十九日　命驸马都尉督修皇陵殿宇　九四四
一五五〇　天顺三年十月初四日　乞敕王府自后造作勿令扰民　九四四
一五五一　天顺三年十月初八日　修造东岳庙仁安殿　九四四
一五五二　天顺三年十月初十日　特允舍山大长公主营生圹　九四五
一五五三　天顺三年十月　南内离宫成　九四六
一五五四　天顺三年十一月初一日　京都城隍庙火　九四六
一五五五　天顺三年十一月初三日　增盖通州仓廒三百间　九四六
一五五六　天顺三年十一月二十日　修宣武东直二门水关闸坝　九四七
一五五七　天顺三年十一月二十二日　南内增置殿宇俱成　九四七

一五五八 天顺三年十一月二十九日 命修南京功臣庙 九四九
一五五九 天顺三年十一月 南内离宫成 九四九
一五六〇 天顺三年十一月 增置南内各殿告成 九五〇
一五六一 天顺三年十一月 南内宫殿成 九五一
一五六二 天顺三年十二月十五日 以南内殿宇工完颁赏 九五一
一五六三 天顺三年十二月十七日 内官监为石亨造房屋复入官 九五二
一五六四 天顺三年十二月二十八日 增盖大木厂房 九五二
一五六五 天顺三年十二月二十八日 增大木厂舍 九五二
一五六六 天顺三年 作南内离宫 九五三
一五六七 天顺三年 诏允修葺东岳庙 九五三
一五六八 天顺三年 令通州增置仓廒三百间 九五四
一五六九 天顺三年 重建凤阳府大龙兴寺 九五四
一五七〇 天顺三年 重建崇寿禅寺落成 九五五

天顺四年 九五七

一五七一 天顺四年二月初二日 兴安侯徐享卒 九五八
一五七二 天顺四年二月十一日 重造大龙兴寺 九五八
一五七三 天顺四年二月十一日 重作凤阳大龙兴寺 九五九
一五七四 天顺四年二月十七日 命修滑县土城及颛顼等庙宇 九五九
一五七五 天顺四年二月二十八日 修南京天地坛殿宇 九五九
一五七六 天顺四年二月 重造大兴龙寺 九六〇
一五七七 天顺四年四月初四日 改造南京皇城外守卫直房 九六〇
一五七八 天顺四年四月十六日 钦定郡王府第基址制度 九六〇
一五七九 天顺四年五月初四日 修造广德祠山神庙 九六一
一五八〇 天顺四年六月初十日 大运西仓南草场设二门 九六一
一五八一 天顺四年六月十一日 通州新盖仓廒命名大运南仓 九六二
一五八二 天顺四年六月十一日 通州新仓成 九六二
一五八三 天顺四年七月初六日 征天下逋逃工匠 九六二
一五八四 天顺四年七月二十二日 命修南京皇墙及内外城垣 九六三
一五八五 天顺四年七月二十九日 命工部大臣督运木植 九六三
一五八六 天顺四年七月二十九日 工部大臣督运大木 九六三
一五八七 天顺四年七月二十九日 工部官员以忤旨得罪 九六四
一五八八 天顺四年八月二十五日 御马监盖造马神庙工毕 九六四
一五八九 天顺四年八月二十六日 光禄寺大烹内门火 九六五
一五九〇 天顺四年八月二十六日 光禄寺大烹内门火 九六五
一五九一 天顺四年八月二十六日 光禄寺火 九六五
一五九二 天顺四年九月初四日 新作西苑殿亭轩馆成 九六六
一五九三 天顺四年九月初四日 西苑殿亭成 九六七
一五九四 天顺四年九月初七日 赵王薨命有司营丧葬 九六七
一五九五 天顺四年九月十七日 修理凤阳等卫城垣 九六七

一五九六 天顺四年九月十八日 楚王奏失火殿庙悉毁 九六八
一五九七 天顺四年九月 西苑殿馆成 九六八
一五九八 天顺四年九月 西苑殿馆成 九六八
一五九九 天顺四年九月 新作西苑殿亭轩馆成 九六九
一六〇〇 天顺四年十月初八日 命修徐王坟殿宇 九七〇
一六〇一 天顺四年十月初八日 修徐王墓 九七〇
一六〇二 天顺四年十月二十二日 上阅射于西苑 九七一
一六〇三 天顺四年十二月十九日 命工部督修京师通州诸仓 九七一
一六〇四 天顺四年十二月二十一日 命修陕西常遇春庙 九七二
一六〇五 天顺四年 孔林灾 九七二
一六〇六 天顺四年 置通州大运南仓 九七二
一六〇七 天顺四年 楚府频火 九七三
一六〇八 天顺四年 定郡王府制 九七三
一六〇九 天顺四年 定郡王府制 九七四
一六一〇 天顺四年 襄王寿藏告集 九七四
一六一一 天顺四年 徙建山阴等诸王府 九七五
一六一二 天顺四年 分封山阴王 九七六
一六一三 天顺四年 分封襄垣王 九七六
一六一四 天顺四年 分封灵丘王 九七六
一六一五 天顺四年 分封宣宁王 九七七
一六一六 天顺四年 分封怀仁王 九七七
一六一七 天顺四年 分封隰川王 九七七
一六一八 天顺四年 敕建崇兴寺 九七八
一六一九 天顺四年 敕建崇兴寺 九七八
一六二〇 天顺四年 改建静宁寺肇始 九七八

天顺五年 九七九

一六二一 天顺五年正月二十二日 命迁代府山阴等王于蒲州等地 九八〇
一六二二 天顺五年二月初三日 修沙河天寿山行殿 九八〇
一六二三 天顺五年三月初一日 增置内府銮驾厂房屋 九八〇
一六二四 天顺五年三月初一日 甓刑部督察院狱墙 九八一
一六二五 天顺五年三月初二日 宁王在江西城内开凿养鱼池 九八一
一六二六 天顺五年三月十四日 敕修理淮王府社稷山川等坛 九八二
一六二七 天顺五年三月十七日 增置通州大运仓一百间 九八二
一六二八 天顺五年三月二十六日 南京朝天宫灾 九八二
一六二九 天顺五年三月二十六日 南京朝天宫灾 九八二
一六三〇 天顺五年三月 南朝天宫灾 九八三
一六三一 天顺五年四月十一日 钦天监差天文生为王府择坟地 九八三
一六三二 天顺五年四月十四日 命修理南京内府新房 九八四
一六三三 天顺五年四月十四日 修南京吏部及后军都督府 九八四

一六三四　天顺五年四月十五日　大明一统志成　九八四
一六三五　天顺五年四月十七日　新南京神策门楼　九八六
一六三六　天顺五年五月十六日　不准代王迁定安博野二王　九八六
一六三七　天顺五年五月十六日　修山川坛南天门及神路　九八七
一六三八　天顺五年五月　诏修岱庙讫工　九八七
一六三九　天顺五年六月初一日　修晋府　九九一
一六四〇　天顺五年六月二十九日　后军都督佥事宗胜卒　九九一
一六四一　天顺五年七月初二日　曹钦焚东西长安门东安门　九九二
一六四二　天顺五年七月初二日　曹钦烧东西长安门　九九四
一六四三　天顺五年七月初二日　曹钦烧东西长安门　九九七
一六四四　天顺五年七月初二日　曹钦焚东西皇城门　九九七
一六四五　天顺五年七月初三日　命勋臣分守皇城六门京城九门　九九七
一六四六　天顺五年七月十二日　颁大赦天下诏　九九八
一六四七　天顺五年七月十九日　命辽简王夫人归葬简王墓侧　九九八
一六四八　天顺五年七月十九日　巡按御史奏河决汴梁　九九九
一六四九　天顺五年七月十九日　命营建楚王府　一〇〇〇
一六五〇　天顺五年七月二十七日　命修京城为雨所坏者　一〇〇〇
一六五一　天顺五年八月初三日　命修南京工部　一〇〇〇
一六五二　天顺五年十一月十四日　命修南京国子监　一〇〇一
一六五三　天顺五年十一月十五日　祭酒奏请修理南京国子监　一〇〇一
一六五四　天顺五年十一月十六日　命修南京都察院　一〇〇二
一六五五　天顺五年十一月　修南都察院国子监　一〇〇二
一六五六　天顺五年十二月初一日　三法司议定赎罪则例　一〇〇二
一六五七　天顺五年十二月十七日　宣庙吴贤妃薨命有司营葬　一〇〇四
一六五八　天顺五年　增通州大运仓百间　一〇〇四
一六五九　天顺五年　南京城池　一〇〇五
一六六〇　天顺五年　南京坛庙　一〇〇六
一六六一　天顺五年　南京山陵　一〇〇七
一六六二　天顺五年　南京苑囿　一〇〇七
一六六三　天顺五年　南京文职公署　一〇〇八
一六六四　天顺五年　南京武职公署　一〇一〇
一六六五　天顺五年　京师城池　一〇一一
一六六六　天顺五年　京师坛庙　一〇一二
一六六七　天顺五年　京师山陵　一〇一二
一六六八　天顺五年　京师苑囿　一〇一三
一六六九　天顺五年　京师文职公署　一〇一四
一六七〇　天顺五年　京师武职公署　一〇一六
一六七一　天顺五年　耶律楚材墓　一〇一八

天顺六年

一六七二　天顺六年正月二十一日　命修南京甲字等库作房　一〇一九
一六七三　天顺六年正月二十四日　蜀王妃墓未为合葬规制　一〇二〇
一六七四　天顺六年二月二十一日　重建东安门及东上二门　一〇二〇
一六七五　天顺六年二月二十一日　建东安东上二门　一〇二一
一六七六　天顺六年二月二十二日　药库火下太医院使于狱　一〇二一
一六七七　天顺六年二月二十五日　免河南轮班匠役停催物料　一〇二二
一六七八　天顺六年三月三十日　修浚瞿昙寺墙及沟　一〇二二
一六七九　天顺六年四月十五日　修内府经厂库房　一〇二二
一六八〇　天顺六年四月十五日　修南京通政司　一〇二三
一六八一　天顺六年四月二十日　增盖南京后湖贮册库房　一〇二三
一六八二　天顺六年五月二十四日　雷震南京天地坛北天门　一〇二三
一六八三　天顺六年五月二十四日　雷震南京郊坛门鸱吻　一〇二四
一六八四　天顺六年六月十八日　命文武百官见淮王　一〇二四
一六八五　天顺六年六月二十日　楚府火　一〇二四
一六八六　天顺六年七月初二日　楚康王归葬江夏　一〇二五
一六八七　天顺六年七月初三日　徙韩府乐平王于韶州府　一〇二五
一六八八　天顺六年七月十一日　伊王薨命有司营葬　一〇二六
一六八九　天顺六年七月十一日　工科奏工部造坟踰制　一〇二七
一六九〇　天顺六年八月二十五日　甃锦衣卫狱墙　一〇二七
一六九一　天顺六年九月初五日　定大行皇太后丧礼仪注　一〇二八
一六九二　天顺六年九月十五日　命建景陵明楼筑宝山城　一〇二八
一六九三　天顺六年九月十五日　命造大行皇太后奉先殿祭器　一〇二九
一六九四　天顺六年九月十七日　景陵启土　一〇二九
一六九五　天顺六年九月十七日　给天寿山工役官军行粮　一〇二九
一六九六　天顺六年九月二十一日　盖造锦衣卫狱房　一〇三〇
一六九七　天顺六年九月二十六日　含山大成公主薨命有司营葬　一〇三〇
一六九八　天顺六年十一月初三日　孝恭章皇后合葬景陵　一〇三一
一六九九　天顺六年十一月初三日　孝恭章皇后祔景陵　一〇三一
一七〇〇　天顺六年十一月初三日　葬孝恭章皇后于景陵　一〇三一
一七〇一　天顺六年十一月初十日　奉孝恭章皇后神主祔太庙　一〇三二
一七〇二　天顺六年十一月　孝恭章皇后合葬景陵　一〇三二
一七〇三　天顺六年十二月初二日　赐经智化寺　一〇三三
一七〇四　天顺六年十二月初十日　重刻大龙兴寺御制碑　一〇三三
一七〇五　天顺六年十二月十三日　命修曲阜孔子庙庭　一〇三四
一七〇六　天顺六年十二月十三日　修曲阜孔子庙　一〇三四
一七〇七　天顺六年十二月二十一日　修南京刑部　一〇三四
一七〇八　天顺六年十二月二十九日　命有司逮捕逋逃工匠　一〇三五
一七〇九　天顺六年十二月　修曲阜孔庙　一〇三五
一七一〇　天顺六年十二月　诏修曲阜孔庙　一〇三五

天顺七年

一七一一　天顺七年正月初七日　南京西安门木厂火　一〇三七
一七一二　天顺七年正月　南京西安门木厂火　一〇三八
一七一三　天顺七年二月初四日　修牺牲所　一〇三八
一七一四　天顺七年二月初九日　试院火　一〇三九
一七一五　天顺七年二月初九日　贡院火　一〇三九
一七一六　天顺七年二月初九日　火作于贡院　一〇三九
一七一七　天顺七年二月二十六日　修理南京教场演武厅　一〇四〇
一七一八　天顺七年二月二十七日　下工部官员于锦衣卫狱　一〇四〇
一七一九　天顺七年二月　贡院火　一〇四一
一七二〇　天顺七年二月　会试场屋灾　一〇四一
一七二一　天顺七年二月　会试场屋灾　一〇四一
一七二二　天顺七年二月　贡院火　一〇四二
一七二三　天顺七年三月十九日　修景陵工成赐赏官吏匠作　一〇四二
一七二四　天顺七年四月初七日　修孝陵墙垣　一〇四三
一七二五　天顺七年四月初十日　新建弘仁桥成　一〇四三
一七二六　天顺七年四月初十日　建弘仁桥　一〇四四
一七二七　天顺七年四月初十日　南海子弘仁桥成　一〇四四
一七二八　天顺七年四月十二日　奉安孝恭章皇后神主入太庙　一〇四四
一七二九　天顺七年四月十八日　命修理在京及通州仓廒　一〇四六
一七三〇　天顺七年四月二十日　京城南薰坊火　一〇四七
一七三一　天顺七年四月二十四日　命修周王府　一〇四七
一七三二　天顺七年四月二十四日　修周府　一〇四七
一七三三　天顺七年五月初一日　修试院　一〇四八
一七三四　天顺七年五月初二日　从淮王请拓府以广居室　一〇四八
一七三五　天顺七年五月二十日　增置西安门仓　一〇四八
一七三六　天顺七年五月二十九日　重建文德坊牌楼　一〇四九
一七三七　天顺七年六月　南京国子监修理工成　一〇四九
一七三八　天顺七年七月十三日　修大明等门道路萧墙直房　一〇五〇
一七三九　天顺七年七月十三日　工部尚书王卺卒　一〇五一
一七四〇　天顺七年七月　修恭让皇后陵寝　一〇五二
一七四一　天顺七年闰七月初一日　令修葺胡皇后陵寝如制　一〇五三
一七四二　天顺七年闰七月初八日　修恭让章皇后陵寝　一〇五四
一七四三　天顺七年闰七月初八日　修故废后胡氏陵寝　一〇五四
一七四四　天顺七年闰七月十一日　修凤阳卫土城及护城堤　一〇五四
一七四五　天顺七年闰七月十八日　不与晋王坟茔翁仲石人　一〇五五
一七四六　天顺七年闰七月二十八日　徙东安门外以南官军家　一〇五五
一七四七　天顺七年八月初二日　代王薨命有司营葬　一〇五六
一七四八　天顺七年八月初四日　修天地山川坛墙垣　一〇五六
一七四九　天顺七年八月十一日　修理皇墙外铺舍街道沟渠　一〇五六

一七五〇　天顺七年八月十四日　修南京大理寺　一〇五七
一七五一　天顺七年八月十八日　德王出居诸王府　一〇五七
一七五二　天顺七年八月二十四日　命修国子监碑亭　一〇五七
一七五三　天顺七年十月二十三日　韩府乐平王新府成　一〇五八
一七五四　天顺七年十一月初一日　许襄王雇倩夫匠起盖楼房　一〇五八
一七五五　天顺七年十一月初一日　疏浚南京中下二新河　一〇五九
一七五六　天顺七年十一月初一日　敕建宏仁桥讫工　一〇五九
一七五七　天顺七年十一月初三日　命修南京历代帝王等庙　一〇六〇
一七五八　天顺七年十二月初四日　修理南京御用监　一〇六〇
一七五九　天顺七年十二月初九日　命修北京真武庙　一〇六〇
一七六〇　天顺七年　加葺恭让皇后金山寝园　一〇六一
一七六一　天顺七年　蜀定王薨　一〇六一
一七六二　天顺七年　贡院火　一〇六二
一七六三　天顺七年　建宝通寺　一〇六二
一七六四　天顺七年　建宝通寺　一〇六二

天顺八年

一〇六三
一七六五　天顺八年正月初六日　召皇太子谕殉葬非古礼　一〇六四
一七六六　天顺八年正月二十二日　成化帝即位大赦天下　一〇六五
一七六七　天顺八年正月二十七日　诏郧王妃勿复他徙　一〇七〇
一七六八　天顺八年二月初三日　营建大行皇帝陵寝　一〇七〇
一七六九　天顺八年二月初六日　礼部进上大行皇帝尊谥仪注　一〇七一
一七七〇　天顺八年二月十三日　增山陵督役官并军士米盐　一〇七四
一七七一　天顺八年二月二十九日　山陵开土遣大臣告诸陵　一〇七五
一七七二　天顺八年二月二十九日　改武成前卫为裕陵卫　一〇七五
一七七三　天顺八年二月　治山陵　一〇七五
一七七四　天顺八年二月　命营山陵　一〇七六
一七七五　天顺八年三月十二日　添拨官军匠作营建山陵　一〇七六
一七七六　天顺八年三月十三日　毁锦衣卫城西狱舍　一〇七六
一七七七　天顺八年三月十四日　议于京师设立武学　一〇七七
一七七八　天顺八年三月二十一日　礼部请立进士题名碑　一〇七八
一七七九　天顺八年三月二十二日　敕礼部寺院不得增修请额　一〇七八
一七八〇　天顺八年四月初十日　设裕陵祠祭署　一〇七九
一七八一　天顺八年四月二十九日　营建裕陵遣官祭告　一〇七九
一七八二　天顺八年五月初五日　梓宫至山陵献殿　一〇八〇
一七八三　天顺八年五月初五日　命修京师天地坛及宣武门楼　一〇八〇
一七八四　天顺八年五月初五日　大风雹坏郊坛　一〇八〇
一七八五　天顺八年五月初八日　英宗葬裕陵　一〇八一
一七八六　天顺八年五月初八日　英宗葬裕陵　一〇八一
一七八七　天顺八年五月十六日　祔英宗睿皇帝神主于太庙　一〇八一

一七八八 天顺八年五月 大风电拔郊坛木 一〇八二
一七八九 天顺八年五月 英宗葬裕陵 一〇八二
一七九〇 天顺八年六月二十日 裕陵成 一〇八三
一七九一 天顺八年七月初七日 修理阙里大成庙 一〇八四
一七九二 天顺八年七月二十九日 命修理天地坛 一〇八五
一七九三 天顺八年八月初二日 修理皇陵及白塔坟 一〇八五
一七九四 天顺八年八月二十三日 赏造裕陵京卫官军 一〇八五
一七九五 天顺八年九月二十一日 革湖广武昌护卫仓 一〇八六
一七九六 天顺八年十一月初七日 复设京卫武学 一〇八六
一七九七 天顺八年十一月二十八日 复书襄王减省不急之务 一〇八七
一七九八 天顺八年十二月十三日 泥饰太社稷坛墙垣 一〇八八
一七九九 天顺八年十二月十五日 凿渠引水入西安城 一〇八八
一八〇〇 天顺八年十二月十七日 肃王薨命有司营葬 一〇八九
一八〇一 天顺八年十二月二十一日 韩王妃薨赐祭葬如例 一〇八九
一八〇二 天顺八年 诏重修阙里先圣庙 一〇九〇
一八〇三 天顺八年 诏重修阙里孔子庙 一〇九〇
一八〇四 天顺八年 令修理帝王陵寝被毁发者 一〇九〇
一八〇五 天顺八年 建裕陵祠祭署 一〇九〇
一八〇六 天顺八年 诏寺观不许增修请额 一〇九一
一八〇七 天顺八年 复建善果寺赐今额 一〇九一
一八〇八 天顺八年 复建善果寺赐今额 一〇九二

天顺朝

一八〇九 天顺初 承天门灾 一〇九三
一八一〇 天顺朝 承天门灾 一〇九四
一八一一 天顺朝 雷破承天门 一〇九四
一八一二 天顺朝 文渊阁规制 一〇九四
一八一三 天顺朝 文渊阁规制 一〇九五
一八一四 天顺朝 文渊阁规制 一〇九六
一八一五 天顺朝 增饰南内 一〇九八
一八一六 天顺朝 增置南宫 一一〇〇
一八一七 天顺中 于南内作离宫 一一〇〇
一八一八 天顺朝 增置南城为离宫 一一〇一
一八一九 天顺朝 令推坏南城垣墉 一一〇一
一八二〇 天顺初 令修葺小南城 一一〇二
一八二一 天顺朝 增置南城宫殿 一一〇二
一八二二 天顺朝 命即太液池作行殿 一一〇三
一八二三 天顺朝 创建西苑太素殿 一一〇三
一八二四 裕陵在石门山 一一〇四
一八二五 英宗陵在石门山 一一〇五

一八二六　天顺朝　代宗葬西山郕王园　一一〇五
一八二七　天顺改元　立江宁贡院之碑　一一〇六
一八二八　天顺朝　赐襄府宫殿黄琉璃　一一〇七
一八二九　天顺朝　赐衍圣公大第　一一〇九
一八三〇　天顺朝　赐衍圣公大第　一一〇九
一八三一　天顺朝　命为石亨营第宅　一一一〇
一八三二　天顺朝　建明因寺　一一一〇
一八三三　天顺朝　敕建兴善寺　一一一〇
一八三四　天顺朝　重修崇效寺　一一一一
一八三五　天顺朝　重建永泰寺　一一一一
一八三六　天顺间　建寺赐额鹫峰寺　一一一二
一八三七　天顺间　赐额普利寺　一一一二
一八三八　天顺中　敕建明灵王庙　一一一三
一八三九　天顺初　重建报国寺赐额　一一一三

英宗时期　一一一五

一八四〇　英宗时期　修南海子桥　一一一六
一八四一　英宗时期　增京师八景为十景　一一一六
一八四二　英宗时期　重修东岳庙　一一一七
一八四三　英宗时期　智化寺奉王振香火　一一一八
一八四四　英宗时期　赐王振祠额曰旌忠　一一一八
一八四五　英宗时期　赐王振祠名旌忠　一一一九
一八四六　英宗时期　赐王振祠额曰旌忠　一一一九
一八四七　英宗时期　赐王振碑文　一一二〇
一八四八　英宗时期　塑像智化寺北祠王振　一一二〇
一八四九　天顺复辟　建皇姑寺　一一二一
一八五〇　天顺中　建顺天保明寺　一一二一
一八五一　天顺复辟　建皇姑寺　一一二二
一八五二　天顺复辟　建敕赐保明寺　一一二二
一八五三　天顺复辟　建保明寺　一一二三
一八五四　天顺复辟　建顺天保明寺赐额　一一二三
一八五五　英宗时期　京城内外建寺赐额二百余区　一一二四
一八五六　英宗时期　京城内外建寺二百余区　一一二六
一八五七　英宗时期　京城内外建寺二百余区　一一二七
一八五八　英宗时期　京城内外建寺二百余区　一一二七
一八五九　英宗时期　木匠蒯祥历工部左侍郎　一一二七
一八六〇　英宗时期　蒯祥重作三殿　一一二八

史料

正统元年

（一四三六年一月十八日至一四三七年二月四日）

○○○一　正统元年正月十五日　御制洪恩灵济宫碑文

《明英宗实录》卷一三，参见《日下旧闻考》卷四四

御製洪恩靈濟宫碑文曰。蓋聞天地之大德曰生。凡覆載之間，有生之類洪纖高下，天之心皆欲俾之遂其性、得其養、不失其所。而又生聖智英傑以裨助夫造化之功。故靈神之奇勳偉績代有著焉。君天下者體天之心、嘉神之德，列諸祀典用展祈報，亦代有載焉。我　皇曾祖太宗文皇帝臨御，嘗夢二神人言，南處海濱，來輔國家。　上異之。明日適有禮官言閩中靈濟二真君事，正符所夢。遂專使函香迎請神像①至於北京，而於宫城之西南②作洪恩靈濟宫以奉祀事。因神舊號加以徽稱。惟神至仁，有禱輒應，降福禳災，捷如影響③。所協宸衷不可殫述。歲時薦祭，式豐以嚴。　皇祖仁宗昭皇帝、皇考宣宗章皇帝率循舊章，咸隆祇禮。朕承天序，統御大寶，

上荷 聖祖母太皇太后、 聖母皇太后恩德之隆，願洪福於萬年。下念四海庶邦林林總總，屬望之深願，咸躋於庶富。顧非德其奚能，惟神明之允賴④。仰體 先志，增崇祠宇，以寅奉威靈，導迎祥慶。復加神號曰九天金闕明道達德大仙顯靈溥濟清微⑤洞玄冲虛妙感慈惠護國庇民崇福洪恩真君，九天玉闕宣化扶教上仙昭靈博濟⑥高明弘靜冲湛妙應仁惠輔國佑民隆福洪恩真君。惟神之先厥有原本，蓋出顓頊之後，封國於徐。屢有功於夏商周之世。至偃王修行仁義、得國人心，致後嗣之繁歷漢暨唐，功德累著。至神伯仲皆南唐義祖忠武皇帝之子，伯封江王，仲封饒王。並天賦異常，具仁聖之資，全忠孝之行，而潛

心大道精其實奥。初俱奉命守金陵，勳德兼盛，民咸感悦。後俱奉命率師入閩，愛民之至，心與天謀⑦。民用慕戴歸者如雨。閩人建生祠於金鰲峯之北，圖像致敬，如嚴父焉。一日謂衆曰，來歲

吾與汝別，然不忍汝違。及期捐繼化去。未幾神降於人言，並奉上帝，命列職斗宮以佑下土。於是閩人益虔祀禮而禱無弗應。祠下有潭，遇旱禱者潭出赤蛇而雲氣隨起潭面，甘雨如注，歲則大熟。潢溪霖潦暴溢，民廬舍皇望祠致懇。忽有役夫如雲，操畚鍤疏淪水不爲患，而竟失役夫所在。宋熙寧中閩人劉彝知桂州禦蠻寇，韓世忠戰大儀鎮，吳玠戰和尚原，皆得神助以捷。若拯民於水火，延民之嗣續，奇效尤數，悉具紀載，皦然著明。蓋神儲天地之精，稟五行之秀，故生有至德，沒著明靈。握氣機、贊玄化，爲國家生民殄遏邪沴，茂集祥禧，愈遠而愈盛也。朕閔

書修祠之成，并書神之世繫⑧，及其功德之大者，刻諸貞石，以示久遠。而係以詩云，二儀之精，五緯之英，來爲哲人，往爲神明。並瞱聯輝，金昆玉季，篤孝與忠，惠澤當世。乘飆駕雲，言歸帝鄉，功贊化育，位參魁衡。顯矜下民，禎禔沛已，祛災捍患，徵祥降祉。金

鰲之峰，肇初有祠，靈化昭宣，有祠京師。皇矣三聖，寅奉惟一，惟靈之揚，允若暾日。予承大寶，祗率典常，爰飭禋事，爰迓福祥。寶祚之隆，佑家暨國，至理之興，溥被民物。宮城之西，靈宇巋然⑨，皇圖神祀，同千萬年。

① 遂專使凾香迎請神像　廣本中本亟作函，是也。

② 於宮城之西南　廣本中本宮作京；抱本誤作官。

③ 影嚮　廣本中本嚮作響，是也。

④ 惟神明之允賴　抱本允作永。

⑤ 溥濟淸徽　抱本微作徽。

⑥ 昭靈博濟　廣本抱本博作溥。

⑦ 愛民之至心與天謀　抱本作愛民之心，至與天謀。

⑧ 神之世系　中本系作繫。

⑨ 靈宇巋然　抱本巋作巍。

〇〇〇二　正统元年正月十七日　归并献陵卫景陵卫仓于长陵卫仓

以献陵、景陵二衛倉歸併長陵衛倉。

革罷官吏。

《明英宗实录》卷一三

〇〇〇三　正统元年正月二十日　罢贵州铜仁府金场局

罷貴州銅仁府金場局。以詔書傳採辦，故户部奏請罷之也。

《明英宗实录》卷一三

〇〇〇四　正统元年二月初四日　修羽林等二十五卫仓廒

修羽林等二十五衛倉厫共五百二十三間。

《明英宗实录》卷一四

〇〇〇五　正统元年二月十一日　定通州五卫仓名　《明英宗实录》卷一四

定通州五衛倉名。在城中者為大運中倉，城内東者為大運東倉，城外西者為大運西倉，從通政使李暹等請也。①

① 李暹等請也　抱本請作言。

〇〇〇六　正统元年二月二十一日　命修商王中宗庙　《明英宗实录》卷一四

命修商王中宗廟。從僉都御史曹翼言其朽敝也。

〇〇〇七　正统元年二月二十三日　敕南京官员一切造作悉皆停罢

《明英宗实录》卷一四，并见《明英宗宝训》卷二

乙未，勑南京守備太監王景弘等，及襄城伯李隆、參贊機務少保兼户部尚書黄福曰，朕夙夜惓惓，惟體祖宗愛恤百姓之心，一切造作悉皆停罷。今南京内官紛紛來奏，欲取幼小軍餘及匠夫，措以不敷爲名，其實意在私用。俱不准理。勑至爾等宜益警省①，凡事俱從儉約，庶副朕愛恤百姓之心。

① 宜益警省　寶訓宜益作益宜。

〇〇〇八　正统元年三月初八日　修通州等卫仓

修通州等衛倉一百四十三間。

《明英宗实录》卷一五

〇〇〇九　正统元年三月十二日　祀唐韦丹蜀许逊于铁柱宫庙

江西按察使石璞等奏。所屬諸縣耆老言，唐江西觀察使韋丹教民陶瓦、修築陂塘，蜀旌陽令許遜嘗至豫章誅蟒、戮蛟，皆有功德於民。宜在祀典。臣等議以許遜鐵柱宮廟猶存，可舉祀事。韋丹廟廢已久，可於鐵柱宮旁空廟內祀之，以慰民望。事下行在禮部覆奏，從之。

《明英宗实录》卷一五

〇〇一〇　正统元年三月十六日　令三司秋成后修理梁王府

《明英宗实录》卷一五

行在工部奏，梁王瞻埴①以所居朽弊，且僻在城西，地形卑窪。欲擇爽塏者以居。上以湖廣連年荒旱，軍民艱難，王府豈易更建。其令三司於秋成後修理。

①瞻埴　抱本埴作填，誤。

〇〇一一　正统元年三月十九日　敕大臣董修在京并通州仓

《明英宗实录》卷一五

行在工部奏，修在京并通州倉及造三百萬石倉已摘撥運糧軍士及通州左等衛軍餘協助。乞勅行在右軍都督府左都督陳懷，同本部尚書李友直董役。從之。

〇〇一二　正统元年四月二十一日　修整南岳庙以称崇祀之礼

湖广布政司照磨所检校程富奏：衡州府衡山县古有南岳庙，年久滋敝，有失观瞻，请设道士及佃户修整。事下行在礼部覆奏：因言五岳、五镇、四海、四渎事同一体，俱合用道士或十名，或五名。每庙庙户四名，洒扫供役，仍令该管府州县官时加巡视，以称崇祀之礼。从之。

《明英宗实录》卷一六

〇〇一三　正统元年四月　重建三殿

重建三殿。

《明书》卷八

〇〇一四　正统元年五月初七　罢修两京冰池冰窨　　《明英宗实录》卷一七

壬申

罷脩兩京冰池、冰窨。先是禮部奏：今年藏冰欲照舊例，於內府關領夫牌鎖鑰，起夫修理池窨①。上聞行在禮部尚書胡濙等曰：南京每歲何處用冰。濙等奏：南京祭祀止有孝陵、懿文陵及歷代帝王廟三處，秋祭之時該用冰四十桶。上以南京內官監已有藏冰，令關用之。仍令兩京冰池、冰窨俱不必起夫脩理，用冰俱於內官監取給，庶不擾民。

① 修理池窨　抱本窨作窖。

〇〇一五　正统元年五月十二日　定王坟祭祀定例　　《明英宗实录》卷一七

初，襄王奏：安惠王墳園守墳典仗

王隆，遇清明節本府祭畢，私飲校尉銀鈔，重辦祭祀。上命禮部定議禮物給官錢支買。至是禮部奏請。每歲六祭，每祭羊、豕各一，香四兩，燭十二對，帛一束，果五品，酒二瓶。永為定例。從之。

○○一六　正统元年五月二十一日　北京国子监庙庑堂房损坏

《明英宗实录》卷一七

十三道監察御史李輅等言十事。

一北京國子監教官多有學術空虛①不堪儀範，以致學規廢弛，生徒失業，乞會官考察。及廟廡堂房風雨損壞，乞撥人修理。

上命廷臣會議，頗采用之。

①空虛　廣本抱本作虛空。

〇〇一七　正统元年五月二十三日　修理中岳嵩山神庙

禮科給事中李性奉命祭中嶽嵩山之神。還奏河南自冬徂春雨雪不降，土燥麥枯。臣祭甫畢，陰雲即布，甘雨三日，民咸歌舞稱慶。今本廟兩廡及墻垣、神廚、牲房俱傾頹踈漏，乞量加修理。從之。

《明英宗实录》卷一七

〇〇一八　正统元年五月三十日　建孝陵神功圣德碑工毕

乙未，以建　孝陵神功聖德碑工畢，賞營領官各絹一疋、蘇二斤①。工匠各綿右一疋②、相椒③一斤。

《明英宗实录》卷一七

① 蘇二斤　廣本抱本中本蘇下有木字，是也。
② 棉右一疋　廣本抱本中本右作布，是也。
③ 相椒　抱本中本作胡椒，是也。

〇〇一九　正统元年六月初二日　修左右阙门及左右长安门

《明英宗实录》卷一八

修左右闕門，及左右長安門，以年深瓴甋損壞故也。

〇〇二〇　正统元年六月初二日　改迁淮王府于饶州

《明英宗实录》卷一八

復淮王府為韶州府治。初，建淮王府即韶州府治為之。至是改遷淮王府於饒州，故命韶州府復舊治。

〇〇二一　正统元年六月初十日　作公生门

《明英宗实录》卷一八，并见《图书集成·职方典》卷四一

乙巳，作公生門於長安左右門外之南。

〇〇二二　正统元年六月初十日　作公生门

朱国祯《大政记》卷一三，并见《国榷》卷二三

作公生門於長安左右門外稍南。乙巳

〇〇二三　公生门为通五府各部处总门

《蕻园杂记》卷二，参见《图书集成·职方典》卷四一，《日下旧闻考》卷三九

東西長安門，通五府各部處總門，京師市井人謂之孔聖門。其有識者則曰拱辰門，然亦非也。本名公生門。予官南京時，於一鋪額見之。近語兵部同寮，以爲無意義，多譁之。問之工部官，以予爲然，衆乃服。

〇〇二四　正统元年六月二十四日　请免改甘州肃王府为都司衙门

己未，肃王赡焰奏，太祖封先王建王府于甘州，今移兰县。有司请改故王府为都司衙门，但先王灵寝上存[①]，而近府所艺果木实赖生养，乞免改毁。从之。

《明英宗实录》卷一八

① 灵寝上存　广本抱本上作尚，是也。

〇〇二五　正统元年闰六月初九日　军官擅占官房

癸酉。湖广按察司奏。署都指挥佥事陈震欲夺取故都指挥同知黄荣自营第宅。荣子武昌左卫指挥使责不从，非法詈之。又擅占造纸局官房数十间，墨其红门以居。上命巡按御史鞫之以闻。

《明英宗实录》卷一九

〇〇二六　正统元年闰六月十一日　淮王移封饶州

《明英宗实录》卷一九

行在户部主事朱振奏，淮王移封饒州，詔以安府營房地、株湖山、霞山①強山湖地屬王，并爲儀衛司及居官軍旗校。臣等會官勘視，皆有干涉。請即三皇廟錦衣巷漂地爲之。上從之。仍令江西三司及巡按御史採訪山塲不籍糧者，以益王用。

① 霞山　抱本霞作震。

〇〇二七　正统元年闰六月十二日　诏修唐王府

《明英宗实录》卷一九

丙子，詔修唐王府。從王奏請也。

○○二八　正统元年闰六月二十日　襄王将移国襄阳　《明英宗实录》卷一九

行在禮部奏，襄王瞻墡將移國襄陽。宜修社稷山川祠宇。其樂舞生之類，請於襄陽屬縣選取。從之。

○○二九　正统元年七月初二日　命修卢沟桥等处闸堤　《明英宗实录》卷二〇

乙未，命行在工部左侍郎李庸修狼窩口等處隄。先是，大雨決旬，水溢渾河狼窩口，及盧溝橋①、小屯廠、西湖、東芭口、高梁等閘，隄岸皆決。命庸治之。至是庸奏請工匠千五百人，役夫二萬人。上從所請，且諭之曰，此皆要害。汝其盡心理之，必完必固，毋徒勞民。

① 盧溝橋　廣本盧作蘆。

〇〇三〇　正统元年七月初三日　改武成左右卫为献陵卫景陵卫

丙申，改武成左衛爲獻陵衛，武成右衛爲景陵衛，以守護陵寢。

《明英宗实录》卷二〇

〇〇三一　正统元年七月十一日　修长献景三陵垣墙桥道

甲辰，修長陵、獻陵、景陵垣墻、橋道。

《明英宗实录》卷二〇

〇〇三二　正统元年七月十五日　赵玒卒

行在刑部致仕尚書趙玒卒。玒字雲翰，山西長子縣人，徙于祥符。

《明英宗实录》卷二〇

戊午①，初

諭北京卜　仁孝皇后山陵。壬辰，晉開創隆慶、保安、永寧諸州、縣，撫安新集之民。

①戊午　舊校改作戊子。

〇〇三三　正统元年七月十七日　修葺历代圣贤祠墓　《明英宗实录》卷二〇

庚戌，順天府推官徐郁言四事。一、國朝尊崇聖賢，寵及來裔，或蔭封爵，或復征徭。甚盛典也。惟宋襲封衍聖公孔端友扈從南渡，令其子孫流寓衢州，與民一體服役，他如宋儒周敦頤、程顥、程頤、司馬光、朱熹子孫，亦皆雜爲編户。乞令所在有司訪求其後，蠲其徭役，擇其俊秀而教養之。祠墓傾圮，官爲修葺。庶君子德澤悠久而不替。

上以所言甚切，命所司速行之。

〇〇三四　正统元年七月十一日　命襄王迁居襄阳

《明英宗实录》卷二〇

命襄王瞻墡自長沙遷居襄陽。先是，襄王奏長沙卑濕，願移亢爽地。上命有司於襄陽度地爲建王府。至是有司以工備來告。上書與襄王，令擇日起行遷移。仍勅湖廣三司量遣人船護送，毋有稽緩。

〇〇三五　正统元年七月二十三日　饶州府府治改作淮王府

《明英宗实录》卷二〇

丙辰，江西饒州府奏，府治已改作淮王府，請以城中空閒地別爲府治，從之。

○○三六　正统元年七月二十四日　将命修献景二陵　《明英宗实录》卷二〇

丁巳，上将命工以是月庚申修献陵，八月壬午修景陵。预遣卫王赡埏诣陵祭告，遣少保工部尚书吴中祭后土及天寿山之神。

○○三七　正统元年七月二十七日　修献陵　《国榷》卷二三

庚申。修献陵。

○○三八　正统元年八月十二日　命修葺甲字等库　《明英宗实录》卷二一

命修葺甲字等库及东西广备库。

〇〇三九　正统元年八月十三日　修通州城垣坝道

丙子修通州城垣、壩道。

《明英宗实录》卷二〇

〇〇四〇　正统元年八月十九日　修景陵

壬午。修景陵。

《国榷》卷二三

〇〇四一　正统元年八月十九日　新铸朝钟成

壬午，遣行在禮部尚書胡濙祭司鐘之神，以新鑄朝鐘成也。

《明英宗实录》卷二一

○○四二　正统元年九月初三日　命修东岳泰山神祠　《明英宗实录》卷二二

乙未，命修東嶽泰山神祠。從山東按察司僉事李瑒①奏請也。

① 李瑒　廣本瑒作暘。

○○四三　正统元年九月初三日　命修曲阜兖国复圣公庙　《明英宗实录》卷二二

命修曲阜縣兖國復聖公廟。先是，儒士顏希仁奏，其祖廟頹圮，乞爲修葺。行在工部請令曲阜滋陽等縣協力修理。從之。

〇〇四四　正统元年九月初三日　修曲阜颜子庙

乙未。修曲阜顏子廟。

《国榷》卷二三

〇〇四五　颜希仁奏乞修理颜子庙

顏希仁奏乞修理顏子廟從之。

希仁，顏子五十九世孫池之孫也。部議，查得永樂二十二年禮部議准給事中郭永言，請修各處壇塲、城垣，得旨允行。今顏子廟損壞，合行本司飭行有司查看，候農隙之時量撥附近州縣夫匠及在官里甲人等班，撥木植等料，於不該班匠內量撥，陸續修理完報。仍將用過工料、修完間數，官吏保結通報。毋藉此爲繇，一槪科擾，不便于民。

乾隆朝《曲阜县志》卷二八

〇〇四六　正统元年九月十三日　命应天府建社稷坛　《明英宗实录》卷二二

乙巳，命應天[1]建社稷壇，春秋祈報。令守臣行事。初，應天府以京郡[2]不置壇。至是　上以　太社　太稷祭於北京，故有是命。

① 應天　廣本抱本天下有府字，是也。

② 京都　廣本抱本都作郡。

〇〇四七　正统元年九月十九日　命修理南镇及神禹二庙　《明英宗实录》卷二二

命浙江紹興府修理南鎮及神禹二廟。從布政使黃澤奏請也。

〇〇四八 正统元年九月二十五日 修葺后湖册库

《明英宗实录》卷二二

户科给事中張佑言四事。

一，後湖册庫三百餘間，年遠朽壞。比年工部差官備料、督工修葺，又以減省例停罷。民數至重，仍乞修理，以便存貯。

上從之。

〇〇四九 正统元年九月 应天府建社稷坛

朱国祯《大政记》卷一三

應天府建社稷壇春秋祈報初以京都不置。今祭于北京，并設之。

〇〇五〇　正统元年九月　修曲阜复圣公庙

朱国祯《大政记》卷一三

修曲阜復聖公廟

〇〇五一　正统元年十月初一日　李贤乞计料兴工一新太学

《明英宗实录》卷二三

行在吏部主事李賢言，竊惟太學者天下貢士所萃，乃育賢成材之地。故天下之士所以賢所以才，胥此焉出。其賢才所以盛所以衰，胥此焉係。則夫生民之休戚、風俗之美惡、國家之安危，信乎皆關於此。洪惟太祖高皇帝聖神文武，平一天下，定鼎金陵，首崇是道。方是之時，宮殿城池未盡完也，百府諸司未盡創也，佛寺道觀未盡興也，乃建太學于國都。宏其規模，極其壯麗。凡其所以教士之法，成士之條，居士之所，養士之具，無不詳審周密完備。又慮表率之職實難其人，務選天下學明行修，德尊望重，海內所慕，士夫所依歸，足以師表一代，名蓋當時者，然後命爲祭酒，加以寵榮，崇以師道，以振文風，以增士氣。其愛惜諸生如慈母之顧嬰兒，貴之若席上之珍，恩患極隆，無以加尚。于是天下之士入太學者，居無不正，習無不端，衣無不具，食無不足。無饑寒之亂心，無邪僻之墮行，其所事者治禮義，明人倫，窮修己治人之方，務致君澤民之術。故當時賢才俊傑之士濟濟輩出，布列中外。大綱一正，萬目畢張。自古太平之盛，未能或之先也。易曰，聖人養賢以及萬民，其斯之謂歟。永樂初年，駕臨北京。太學之·以①因元之舊。凡百規制未暇增新。洪熙宣德以來因仍未舉。至八教戒居養之道②頹然廢弛不遑介意。師儒之職，率皆庸常學行荒昧，無所矜式。雖有遺規，不過承虛名、為文具、踵因循、應故事而已，夫豈有一毫警省之心哉。于是天下之士入太學③，蔑教戒之嚴，無居養之正。置禮義為外物，輕廉恥如錙銖。雜處于軍民之家，混住於營巷之地，與市井之人為伍，與無藉之徒相接。同其室而共其食，咲其夫而溺其妻。易君子之操為鄙夫之行，改士夫之節為穿窬之心。所習如此，一旦居官，不過志于富貴而已，尚何望其尊主庇民、建功立業者乎。夫近朱者赤、近墨者黑。居處所致，無怪其然也。嗚呼。天下之士修之於庠序而壞之于太學。賈誼所謂可為太息者也。今 陛下春秋鼎盛，纘承大統，凡一舉措不可不慎，舉所當舉，則天下之人莫不懽心。措非當措，則天下之人聞之解體。可不慎歟。我國家建都北京以来，有廢弛而不舉者，有創新而不措者。所廢弛者莫甚于太學，所創新者莫多于佛寺。舉措如是，臣以爲非也。然成事不説、廢者當舉。若重修太學，雖極壯麗，亦不過佛寺一所之費。況佛寺不下百餘，無益于朝廷。太學雖止一處，有益于國家。伏願　皇上興廢舉墜。乞敕該部，計料興工，一新太學。作養秀才，重選師儒，厚加養注。果能此道，將見數年之後，賢才濟濟，文風大振，生民于是乎安，而天下于是乎治。我　太祖養賢及民之效，復見于今日，太平之盛不期自至。而國家社稷，永享無窮之福矣。　上嘉納之。

① 太學之設　影印本設字不明晰。

② 其教戒居養之道　影印本其字不明晰。

③ 入太學　廣本抱本學下有者字。

○○五二 正统元年十月初一日 李贤乞重建太学

朱国祯《大政记》卷一三，并见《国榷》卷二三

十月癸亥朔，行在吏部主事李賢乞重建太學。從之。

○○五三 正统元年十月十八日 禁京城外掘土治窑者

《明英宗实录》卷二三

禁京城外掘土治窯者。初武驤諸衛擅於西直門外河次掘窯，御史劾罪之。以為京城外自永樂來置陶治俱有定方，其西北俱堪輿家當忌。至是 上命行在都察院出榜禁約，京城西北俱不得掘土，其東南許去城外五里，天地山川壇許去垣外三里，違者罪之。

○○五四　正统元年十月二十九日　命修建京师九门城楼

《明英宗实录》卷二三，并见《日下旧闻考》卷三八

辛卯，命太監阮安、都督同知沈清、少保工部尚書吴中，率軍夫數萬人，修建京師九門城樓。初京城因元舊，永樂中雖畧加改葺，然月城、樓鋪之制多未備。至是始命修之。

○○五五　正统元年十月二十九日　修建京师九门城楼

《国榷》卷二三

辛卯。太監阮安。都督同知沈清。少保工部尚書吴中。役軍數萬人修建京師九門城樓。

○○五六　正统元年十月　修建京师九门城楼

朱国祯《大政记》卷一三

修建京師九門城樓。

〇〇五七　正统元年十月　修建京师九门楼　《明书》卷八

修建京師九門樓。

〇〇五八　正统元年十月　重建太学　《明书》卷八

冬十月，重建太學。

〇〇五九　正统元年十一月二十六日　修张家湾通济仓　《明英宗实录》卷二四，并见《图书集成·职方典》卷三七，《日下旧闻考》卷一〇〇

修張家灣通濟倉。先是，管糧通政使李暹奏，欲移置張家灣通濟倉於通州。行在户部、工部議如所請。令漕運總兵官都督僉事王瑜量遣運糧軍三千人興役。至是，瑜奏，臣所領運糧船二萬有奇，①今兩處交納，河道稍得踈

通。若併於一處②不免阻塞。況通濟倉雖有損敝，易為修葺。若欲移之，則其所費數倍，三千人必不能辦。請仍舊修葺為便。從之。

① 二萬有奇 抱本二作三。

② 若併於一處 抱本併作遇。

〇〇六〇 正统元年十一月三十日 秦王请赐还居室一所

《明英宗实录》卷二四

秦王志㙉①奏，洪武間先隱王以居室一所令安妃之外戚居之。今安妃姪別培等家遠還原籍，請以其居室仍賜臣，以居臣之子女長成者。從之。

① 志㙉 抱本㙉誤潔。

〇〇六一　正统元年十一月三十日　复遵化县旧铁冶

《明英宗实录》卷二四，并见《日下旧闻考》卷一四三

復遵化縣舊鐵冶。冶自永樂間開設。上即位詔書停罷。至是行在工部奏復之，仍添設主事一員提督。

〇〇六二　正统元年十二月十五日　改广备库为仓廒

《明英宗实录》卷二五

行在工部奏，天下歲造軍士衣韡①運納東西廣備庫。邇者點視所貯，短窄紕薄不堪用者十三四萬。其典守官吏人等宜究問，以戒將來。　上以罪在赦前，姑宥之。但令各備以償官。自今令御史同部屬監收，以革其弊。仍令司禮監及戶部、都察院委官檢視其數，移貯甲字等庫。改廣備庫為倉廒。

① 軍士衣韡　廣本抱本韡作鞋，是也。

〇〇六三　正统元年　遣阮安等督造奉天三殿

《国朝典汇》卷一九二

正統元年，遣太監阮安、同都督沈清、少保吳中督造奉天、華蓋、謹身三殿。

〇〇六四　正统元年　重修奉天三殿

《明书》卷八四

正統元年重修奉天、華蓋、謹身三殿。

〇〇六五　正统元年　修商中宗庙及朱熹等祠墓

清《续通考》卷八五

英宗正統元年二月，修商中宗廟。七月，修宋周敦頤、程顥、司馬光、朱熹祠墓。

〇〇六六　正统初年　重新洪恩灵济宫宇

《昭代典则》卷二二，并见《春明梦余录》卷三九

正統初年重新宫宇①。進號金闕崇福眞君。玉闕隆福眞君。

①编者注：洪恩灵济宫

〇〇六七　正统元年　定通州大运诸仓名

《春明梦余录》卷三七

正統元年，定所增通州大運曰中倉，曰東倉，曰南倉，曰西倉。時歲運米五百萬，京十之四，通十之六。

〇〇六八　正统元年　定通仓名

《图书集成·考工典》卷六一

正統元年定通倉名。在新城内者，爲大運中倉、東倉，舊城内者爲南倉、西倉。

〇〇六九　正统元年　增造三百万石仓

其年，復增造三百萬石倉於大運西倉之側。是時，國家承仁、宣之積，重以兑運方盛，歲額日益廣，倉在在贏溢。

《春明梦余录》卷三七

〇〇七〇　正统元年　淮王府迁饶州府

饒州府元饒州路，屬江浙行省。太祖辛丑年八月爲鄱陽府，隸江南行省。尋曰饒州府，來隸。領縣七。西南距布政司二百四十里。

鄱陽倚。正統元年，淮王府自廣東韶州府遷此。

《明史》卷四三

〇〇七一　正统元年　建襄王府

襄府在襄陽府東，正統元年建。

承運殿	圜殿	燕宫	東書堂
中和軒	東府	西府	端禮門
宫門	東門	西門	

万历朝《襄阳府志》卷一一

承奉司在端禮門內。

內典寶所

內典服所

內典膳所

內門正所

長史司在本府前西。

審理所

紀善所

教授所

奉祠所

工正所

典膳所

典儀所

典寶所

良醫所

儀衛司

典仗所

護衛在本府前西。天順元年　英宗皇帝以　憲王入朝特以襄陽衛左所、安陸衛右所、并群牧所官軍隸成護衛賜之。

經歷司

鎮撫司

左千戶所

中千戶所

旗手千戶所

廣羨倉在襄陽縣西

廣羨庫在本府東

鷹坊司在本府東

鑾駕庫在本府東

冰窖在郡南城外一里

迎恩館在北門外堤上

塩廠在本府前

柴廠在本府東偏

馬房在本府東

○○七二　正统元年　襄王府迁襄阳　《明史》卷四四

襄陽府元襄陽路，屬河南江北行省。太祖甲辰年爲府，屬湖廣行省。九年屬湖廣布政司。二十四年六月改屬河南，未幾，還屬湖廣。領州一，縣六。東南距布政司六百八十里。

襄陽倚。正統元年，襄王府自長沙遷此。

○○七三　正统元年　改建顺天府宏庆寺　《明一统志》卷一，并见《图书集成·职方典》卷四二

宏慶寺在府西，舊[1]名黑塔寺。正統元年改建。

正统二年

（一四三七年二月五日至一四三八年一月二十五日）

〇〇七四　正统二年正月十六日　改作修治平则等门城楼城壕

遣少保兼工部尚书吴中、右侍郎邵旻，祭告平则、西直等門及城壕之神。以城樓城壕圮壞，欲改作修治也。

《明英宗实录》卷二六

〇〇七五　正统二年正月十九日　宁世子薨命有司营葬

己酉，寧世子磐烒薨。世子，寧王之嫡長子，母妃張氏。洪武二十八年生，永樂二年封爲寧世子，至是薨，享年四十有三。訃聞，上輟視朝三日，遣官致祭，謚曰莊惠。命有司營葬。

《明英宗实录》卷二六

〇〇七六 正统二年正月二十三日 遣军助修居庸关关门水门

癸丑，镇守居庸关都指挥佥事高迪奏，去岁六月大雨，損壞關門、水門，及敵臺垣牆，至今修葺未完。人力不足。事下行在工部。覆奏，請令後軍都督府所轄衛所遣軍二千人助修。從之。

《明英宗实录》卷二六

〇〇七七 正统二年正月二十八日 设中军都督府马草场象草场

設中軍都督府中和橋馬草場、金川門馬草場，并錦衣衛通濟門象草場。置馬草場大使各一員，副使各一員，攢典各二人。象草場副使一員，攢典二人。

《明英宗实录》卷二六

○○七八　正统二年正月三十日　命增给修葺京城楼军匠米盐

庚申，以修葺京城楼，命旗军助工者月增米一斗，军匠增三斗。民匠月给米五斗，餘丁匠给五斗①。俱月给盐一斤。

《明英宗实录》卷二六

①五斗　廣本抱本五作三。

○○七九　正统二年二月初九日　令械送过期不至工匠赴京

行在工部奏，天下工匠蒙放遣休息者三千七百餘人，俱刻期使自来赴工。今過期不至者二千九百餘人，請令所司械送赴京。從之。

《明英宗实录》卷二七

〇〇八〇 正统二年二月十三日 发军夫往筑运河要儿渡

以運河要兒渡決，勑五軍各營發軍一萬，工部發畿內夫一萬往築之。

《明英宗实录》卷二七

〇〇八一 正统二年二月十五日 造北京铜仪象如南京观星台

行在欽天監監正皇甫仲和等奏，南京觀星臺設渾天儀、璿璣玉衡、簡儀、圭表之類，以窺測七政行度，淩犯遲留伏逆。北京於齊化門城上觀測，未有儀象。乞令本監官一人往南京，督匠以木如式造之，赴北京較北極出地高低准驗，然後用銅鑄造，庶占象不失。從之。

《明英宗实录》卷二七

〇〇八二　正统二年二月十七日　建龙神庙于浑河堤岸

《明英宗实录》卷二七，参见《图书集成·职方典》卷三七

行在工部左侍郎李庸奏，狼窩口堤岸累修累決，勞民無已。今修築已完，恐猶有後患。請建龍神廟於堤上以鎮之。且令宛平縣優民二十户，自石景山至盧溝橋往來巡視，遇水薄隄壞輒加修治。若水勢泛急則速馳報官①，庶易修葺。從之。

① 則速馳報官　抱本無官字。

〇〇八三　正统二年二月十九日　修德胜门内海子岸

《明英宗实录》卷二七

己卯，修德勝門内海子岸

○○八四 正统二年二月十九日 西镇吴山庙火

《明英宗实录》卷二七

西鎮吴山廟火。

○○八五 正统二年二月二十四日 以修长陵行祭告礼

《明英宗实录》卷二七

甲申以修長陵，遣衛王瞻埏諸陵行祭告禮。遣少保兼行在工部尚書①吴中祭后土及天壽山之神。

①少保兼行在工部尚書　抱本無兼字。

〇〇八六　正统二年二月二十四日　修筑浑河岸兴工

遣行在工部左侍郎李庸祭渾河神，以河岸衝決興工修築也。

《明英宗实录》卷二七

〇〇八七　正统二年二月二十六日　清理京城濠堑既完禁污毁

丙戌，都督沈清修理京城濠塹既完，請榜揭示以禁居人汙毀。從之。

《明英宗实录》卷二七

〇〇八八　正统二年二月　敕赐广恩寺告成

〔原〕敕賜廣恩寺碑　北京西南去都城五里，有奉福寺，中建殿曰大慈，殿之前曰天王殿，左曰文殊，右曰普賢，殿後爲無量壽佛，左右殿二，左奉大梵尊天，右奉帝釋尊天，四周翼以長廊。天王殿之前，左右爲樓，以置鐘鼓，中爲碑亭，又前爲金剛殿。廊之東爲齋堂，爲廚，爲庫，廊之西爲禪堂，爲茶房。廊之東西隅俱爲方丈，其齋堂禪堂以南皆爲僧房。肇於宣德十年冬十月，至正統二年二月告成。上聞賜名廣恩寺。方辟土，得白金五錠，重二百六十兩，以資工費；復得巨石一方於西南隅地中，遂以爲碑。太監僧保錢安識。

《日下旧闻考》卷九五

〇〇八九　正统二年三月初二日　停修晋恭园堂宇

壬辰書復晋王美圭曰，比年邊方多事，民生艱窘。所喻修葺恭園堂宇權宜停止，以俟豐年。

《明英宗实录》卷二八

〇〇九〇　正统二年三月初三日　遣官往察京城及通州粮仓

行在工部奏，昨以都督王瑜言將修葺張家灣通濟倉，遣匠視之，十壞八九。臣見京城及通州尚有空倉可以貯糧，如稍不足則於大運西倉傍增造為便。上勅行在戶部、工部、都察院、錦衣衛各遣官一員往察利害以聞。

《明英宗实录》卷二八

〇〇九一 正统二年三月十九日 乞以闲旷官地为襄阳卫公署

湖廣襄陽衛奏，本衛公署改為襄王府。城內稍北有衛國公鄧愈没官地閒曠，乞以為衛公署。許之。

《明英宗实录》卷二八

〇〇九二 正统二年三月二十日 立通济河神庙

行在工部奏，要兒渡口修堤已完，又新開河，人甚便之。乞令武清縣復民三十家常巡視其隄，毋致傾壞。且立神廟以鎮之。上從其請，賜神號為通濟河之神。

《明英宗实录》卷二八

〇〇九三　正统二年三月　建潭柘嘉福寺广善戒坛

《日下旧闻考》卷一〇五

明謝遷重修潭柘嘉福寺碑畧　距都城西二舍許，馬鞍山之西，有泉滙而爲潭，上宜柘木，因以得名。在後唐時，有從實禪師與其徒千人講法於此，後遂示寂於華嚴祖堂。皇統間改爲大萬壽寺，繼有廣慧通理者，以正法眼而踵實師之跡，後得比丘善海獻其寺之故地，成大道場，山靈益加顯焉。其詳見大定間蔡居士楊節度之碑可考已。我朝宣宗章皇帝卽位二年，特命高僧觀宗師住持於此，孝誠皇后首賜内帑之儲，肇造殿宇。越靖王又建延壽塔。英宗睿皇帝詔爲廣善戒壇，頒大藏經五千卷，并賜今額，迄今五甲子矣。工興於正統二年三月，迨次年九月告成。

〇〇九四　正统二年四月初八日　以修德胜安定二门城楼祭神

《明英宗实录》卷二九

命少保兼工部尚書吳中、右侍郎邵旻祭德勝、安定二門之神，以修城樓也。

〇〇九五　正统二年四月初九日　敕太监大臣提督修葺京城及通州仓

戊辰，敕太監李德、都督陳懷、尚書李友直曰，京城及通州倉所繫甚重。爾等提督修葺，必令完固，可以經久，毋苟且，毋偏徇，毋重勞擾。

《明英宗实录》卷二九

〇〇九六　正统二年四月十七日　环天寿山立界禁樵采

丙子，上諭右都御史陳智等曰，天壽山祖宗陵寢所在。比聞有無賴者敢剪伐其樹木，而所司恬然不顧。爾等即揭榜禁之。復令錦衣衛遣官校巡視，敢有犯者械來治以重罪，遷其家屬戍邊遠。遣工部偕欽天監官環山立界，界外聽民樵採。仍勑官校巡視名，毋徇私受賄以縱盜，毋假威生事以害民。違者亦罪不宥。

《明英宗实录》卷二九

〇〇九七　正统二年四月二十八日　命祀桐庐严子陵

《明英宗实录》卷二九

浙江嚴州府知府萬觀言。

又本府桐廬縣舊有嚴子陵釣臺。子陵方兩漢之季，風俗頽敗，獨能恬退廉靖，實頽波之砥柱也。宋范仲淹即臺建祠，復其為後者四家以奉祀事。又創書院，訓其子孫。臣亦叨守是邦，勉循故事，重建祠堂，訪其後裔嚴來，使之看守。乞定議致祀，仍免嚴來丁徭，以勵名節。上納其言，即命該部議行。

〇〇九八　正统二年四月　禁伐天寿山树木　朱国祯《大政记》卷一三

禁代天壽山樹木。

〇〇九九　正统二年四月　禁天寿山樵薪　《明书》卷八

禁天壽山樵薪.

〇一〇〇　正统二年五月二十一日　修灵济宫市物民间　《明英宗实录》卷三〇

順天府府尹姜濤奏，昨修靈濟宫市物民間，應給鈔十二萬貫。上命御史一人監給之。且曰，凡市物民間，所司即給直，毋遲緩以困民。

〇一〇一　正统二年五月二十三日　立荥泽侯纪信祠

《明英宗实录》卷三〇

壬子，

封漢紀信爲滎澤侯，謚忠烈。制曰，漢將軍紀信當草昧之際，能捐軀以脫主難，用肇洪業。豈獨有功于漢室，其危身奉上之義，足以表勵於後世。朕載閲前史，嘉念惟深，特賜封謚立祠，命有司春秋致祭。靈爽不泯，尚克歆承。先是，鄭州儒學訓導郭明郁奏，鄭州滎澤縣孝義保實信死節之地，今其遺墓尚存。而芻牧不禁，祠廟未立。竊以爲漢祖滎陽之厄，非信則大事去矣。是四百年之天下，實信一死之所致。而漢定天下褒恤之典未聞，史氏之傳復缺，至今泯泯。夫以楚漢相持，大事未定，紛紛者不過苟相依秉以圖富貴，而信之忠烈如此，良可嘉尚。乞下禮部定議①，封諡表墓立祠，以爲人臣之勸。且使信千年不白之大忠一旦表著於天下，其於風教不爲無補。上命有司定議以聞，故有是命。

① 下禮部定議　廣本部作官。

〇一〇二　正统二年五月二十七日　以广备库盘设南新仓

丙辰，行在户部奏，廣備庫盤併收糧倉廒一十一連，請以五連立彭城衛南新倉，六連立府軍前衛南新倉。從之。

《明英宗实录》卷三〇

〇一〇三　正统二年六月十七日　凤阳白塔坟殿宇垣墙倾颓

《明英宗实录》卷三一

皇陵神宫監太監留春等奏，鳳陽五

月大雨，淮水泛涨。白塔墳殿宇垣墻傾頽，乞俟水落修治。上勅行在工部遣官馳驛，與留守蕭讓、知府熊觀等會議以聞。

〇一〇四　正统二年七月十八日　遣大臣祭通济河卢沟河之神

遣尚書李友直祭通濟河之神，侍郎李庸祭盧溝河之神，以開築功成也。

《明英宗实录》卷三二

〇一〇五　正统二年八月初七日　修八里桥

修八里橋。橋自京至通州往來之路，其地平廣，車可兼行，今爲水所敗，故令修之。

《明英宗实录》卷三三

○一○六　正统二年八月初九日　修玉田县五里桥及双铺桥

修蘇州[1]玉田縣五里橋、雙鋪橋，以其西抵京畿，東接遼東，往來之道也。

《明英宗实录》卷三三

①蘇州　廣本抱本蘇作薊，是也。

○一○七　正统二年八月十八日　命大臣董修在京通州仓

命武安侯鄭能董修在京通州倉，代左都督陳懷也。

《明英宗实录》卷三三

○一○八　正统二年八月十八日　修理齐化门外木厂

行在工部奏，齊化門外積楠杉等木三十八萬，而四方運者日至，覆庇不

《明英宗实录》卷三三

密，多爲風雨所壞。乞發軍夫修理廠房且監守之，庶不虛費財力。 上是其言。詔發人夫一萬，以安遠侯柳溥總其事。

〇一〇九　正统二年八月十八日　修在京通州仓及神木厂

《国榷》卷二三

乙亥。武安侯鄭能修在京通州倉。安遠侯柳溥役萬人修神木廠。

〇一一〇　正统二年九月初十日　修葺东安门外顺德长公主府

《明英宗实录》卷三四

丁酉，以東安門外官房爲順德長公主府。命內官監工 修葺之。

○一一一　正统二年九月十六日　营建京城楼堞

《明英宗实录》卷三四

癸卯，遣少保工部尚书吴中祭司工之神。以营建京城楼堞也。

○一一二　正统二年九月二十六日　许修葺郑王府

《明英宗实录》卷三四

癸丑，书复郑王瞻埈，免其来朝。其府第朽敝者许加修葺。

○一一三　正统二年九月　三殿新成

《罪惟录》志卷七

三殿新成，上御正殿受賀，鴻臚誤呼五拜，糾儀劾之。上笑：「此吉辰，少拜不可，多無害，免議。」

〇一一四　正统二年十月初六日　书复梁王自行究治毁伤郢靖王坟园者

《明英宗实录》卷三五

書復梁王瞻垍曰，所諭郢靖王守墳內使王順捏侵事備悉。既而王順至京言，叔府中承奉阮劉令人於墳園內掘去牡丹花一株，又擅去獸頭、飛仙、海馬等物，又伐木植。朕惟祖宗律令，伐他人墳內樹木者皆有罪，況郢靖王為國至親。墳園之物，豈可致傷。阮劉等皆不可恕，叔可自行究治，庶警其餘。惟叔亮之。

〇一一五　正统二年十月初八日　修京城门楼角楼并各门桥毕工

《明英宗实录》卷三五

甲子，以修京城門樓角樓并各門橋畢工，遣官告謝司工之神及都城隍之神。

〇一一六　正统二年十月十一日　丽正等门已改作正阳等门

行在户部奏，丽正等門，已改作正陽等門，其各門宣課司等衙門仍冒舊名，宜改從今名。仍移行在禮部更鑄印信，行在吏部改書官制。從之。

《明英宗实录》卷三五

〇一一七　正统二年十月　丽正等门已改作正阳等门

北平古今記，正陽門洪武、永樂時尚沿元故名麗正。洪熙元年正陽門名始見於實錄。至正統二年十月行在戶部奏麗正等門已改作正陽等門，其各門宣課司宜改從今名，從之。

《图书集成·职方典》卷四一

○一一八　正统二年十月　丽正等门已改作正阳等门　《日下旧闻考》卷四三

原 正陽門，洪武、永樂時尚沿元故名麗正。洪熙元年，正陽門名始見於實録。至正統二年十月，行在户部奏，麗正等門已改作正陽等門，其各門宣課司宜改從今名。從之。北平古今記

〔臣等謹按〕洪熙實録無正陽門之名，此條所引誤。

○一一九　正统二年十一月初三日　不许修南京朝天宫　《明英宗实录》卷三六

行在工部請修南京朝天宫。上以工力繁重不許。

○一二〇　正统二年十二月十七日　修周府社稷山川坛场　《明英宗实录》卷三七

修周府社稷山川壇場。

○一二一　正统二年十二月二十日　不能为靖江悼僖王立碑

乙亥，書復靖江王佐敬曰，得奏，欲爲悼僖王立碑以彰懿行，具見王之孝誠。因命禮部稽洪武、永樂間例，皆無親王及郡王立碑者。故不收從王所請，王其知之。

《明英宗实录》卷三七

○一二二　正统二年十二月二十二日　修南京通江桥江岸

修南京通江橋東西一帶江岸。

《明英宗实录》卷三七

○一二三　正统二年　令应天府建社稷坛

正統二年，令應天府建社稷壇，春秋祈報，以守臣行事。

《明会典》卷八六，并见《明会要》卷八

○一二四　正统二年　谕剪伐天寿山陵寝树木者重罪　《明史》卷六〇，并见《明会要》卷一七

正統二年諭，天壽山陵寢，剪伐樹木者重罪，都察院榜禁，錦衣衛官校巡視，工部欽天監官環山立界。

○一二五　正统二年　工部添设官员职专修仓　《图书集成·考工典》卷六一

正統二年。初差工部堂上官提督。後復添設員外郎一員，職專修倉，仍以堂上官提督。後又差內臣，及戶部管倉堂上官提督。

〇一二六　正统二年　改建襄王府

《明一统志》卷六〇

欽定四庫全書

襄王府在府治①東南本襄陽衛公署正統二年改建　寧鄉王府　棗陽王府　陽山王府　鎮寧王府　隆慶王府　永城王府俱在襄王府東北

明一統志卷六十

三五

①　编者注：襄阳府。

〇一二七　正统二年　迁建襄王府

嘉靖朝《湖广图经志书》卷八

襄王府在府①東舊襄陽衛署。王仁宗皇帝第五子。正統二年遷建　寧鄉王府

王府俱在襄府界北一里　陽山王府　鎮寧王府俱在府治東一里許　王

孫府在襄府右五十步

①　编者注：襄阳府。

○一二八 正统二年 建卢沟河固安堤毕工

楊榮脩堤記：天下之難治者莫踰水，而治水之先者莫踰京師。故大禹之蹟，首在冀州。豈非以水之利害所係者大，而畿甸之内宜慎其防以爲弘遠之圖也歟？盧溝之河，至京城西四十里石經山之東，地勢平而土脉疏，衝激震蕩，遷徙弗常。後魏都督河北道諸軍事建成侯劉靖及子平鄉侯弘，築戾陵堰以防之，水患以息。後人思其功，謂之劉師堰。歷世既久，水勢漸更。下流十五里，距盧州(溝)不遠，有白(曰)狼窩口，時復衝決，漫流而東，浸没田廬，民弗安業。聖朝建北京，視河爲襟帶。永樂間，屢嘗脩築，輒復傾圮。今聖天子嗣位，命工部侍郎李庸、内官監少監姜山義往任厥事，復命太監阮公安、少保工部尚書吴公中總其事宜，勅其務存堅久，勿爲苟且，庶幾暫勞永逸。群公效命，材謀共濟，經始於正统元年冬，畢工於二年夏，凡用工匠二萬餘，月給糧餉以萬計。累石重甃，培植加厚，崇二丈三尺，廣如之，延袤百六十五丈，視昔益堅。既告成，賜名固安堤。置守護者二十家，建神祠於上，有司以時修祀禮，凡督事〔者〕，悉賜鈔幣以勞之。其視築戾陵堰，役費加倍，而堅實亦過之。

《春明梦余录》卷六九，并见《日下旧闻考》卷九三

○一二九 正统二年 重建京城宝林寺

《明一统志》卷一

寶林寺在府①西南四十里正統二年因舊重建

① 编者注：顺天府。

正统三年

（一四三八年一月二十六日至一四三九年一月十四日）

〇一三〇 正统三年正月十三日 命修南京东安门仓 《明英宗实录》卷三八

戊戌，命修南京東安門倉。

〇一三一 正统三年正月二十一日 将营建朝阳东直二门城楼 《明英宗实录》卷三八

丙午，遣少保工部尚書吴中祭朝陽門之神，侍郎李庸祭東直門之神。以將營建城樓故也。

〇一三二 正统三年正月二十六日 拨官军修葺京师朝阳等门城楼 《明英宗实录》卷三八

撥五軍神機等營官軍一萬四千，修葺京師朝陽等門城樓。

〇一三三 正统三年正月二十八日 乞令各州县卫协力修葺永盈仓 《明英宗实录》卷三八

順天府遵縣[1]奏，本縣永盈倉無貯。薊州平谷、豐潤、玉田縣，遵化永勝左、忠義中、薊州鎮朔、營州中右二屯、興州左前二屯衛，軍民屯糧九萬餘石。今倉廒損敝，乞令各州縣衛協力修葺。從之。

① 順天府遵縣　廣本抱本遵下有化字，是也。

〇一三四　正统三年正月二十九日　不允官船运送捐资去龙虎山

《明英宗实录》卷三八

止一嗣教真人[1]張懋丞言，臣近于京城勸率士庶捐資裝嚴神像，緣去本宮龍虎山路遠，乞馬快船從運送為便。不允。

① 止一嗣教真人　舊校改止作正。

○一三五　正统三年二月初一日　命修陕西兰县黄河桥

命修陝西蘭縣黄河橋。從巡撫侍郎羅汝敬請，以便甘肅餽運也。

《明英宗实录》卷三九

○一三六　正统三年二月初五日　命江西预造宁王权坟茔

寧王權請豫造墳塋。上許其請，命江西三司經營之。

《明英宗实录》卷三九

○一三七　正统三年二月初七日　不给瞿昙等寺赐敕

陝西西寧瞿曇等寺①剌麻桑里結肖等来朝，累請賜勅護持，又求職事、封號、寺額。不從。

《明英宗实录》卷三九

① 瞿曇等寺　抱本曇誤雲。

〇一三八　正统三年二月十六日　令城中人在城外取土　《明英宗实录》卷三九

庚午

上諭行在工部臣曰，比禁畚土入城，以此城中人多掘坑塹。自今其令距城二三里外取土，戒城門毋禁。

〇一三九　正统三年三月初九日　以建朝阳东直二门城楼祭神　《明英宗实录》卷四〇

癸巳，以建朝陽東直二門城樓，遣少保兼工部尚書吳中侍郎邵旻祭司工之神。

〇一四〇　正统三年三月十七日　命修南京广积等库

辛丑，命修南京廣積、贓罰、天財及甲、乙、丁、戌等庫①。

《明英宗实录》卷四〇

① 甲乙丁戌等庫　舊校改戌作戊。廣本丁戌作丙丁。

〇一四一　正统三年三月二十六日　禁天下祀孔子于释老宫

禁天下祀孔子於釋老宮。先是，四川重慶府永川縣儒學訓導諸葦言，孔子祀于學，佛氏祀于寺，老氏祀于觀，俱有定制。有等無知僧輩，往往欲假孔子以取敬信於人，乃繪肖三像並列供奉。如永川縣舊有寺曰三聖，坐佛氏於中，老子居左，孔子居右。其褻侮不經，莫此為甚。上以愚僧無知妄作，命行在禮部通行天下禁革。

《明英宗实录》卷四〇

○一四二　正统三年三月二十八日　命即空地增造京仓

《明英宗实录》卷四〇

興安伯徐亨奏，臣奉命與侍郎王佐、邵旲[1]等經營京倉，欲增造一百三十間。臣相城内府軍前衛倉旁近有空地，寔新建伯李玊[2]、太監昌盛、吳誠所有，謹圖其地形以進。上命即其地爲之。

①邵旲　廣本抱本旲作旻，是也。

②李玊　舊校改玊作玉。

○一四三　正统三年四月初二日　增造军器局厂房

《明英宗实录》卷四一

增造打在軍器局廠房二百二十間。

○一四四　正统三年四月十二日　缮治京师城河已完

《明英宗实录》卷四一

行在工部言，令缮治京师城河已完。恐人牧牛马堤上，或蹂蹴菜诸物致易损坏。上命守城门官军及五城兵马相兼巡逻，都察院遣御史一人察其巡逻，不謹者罪之。

○一四五　正统三年五月初二日　建太仓

《明英宗实录》卷四二，并见《国榷》卷二四

正統三年五月甲申朔。乙酉，建太倉於京城之東北。

○一四六　正统三年五月初七日　书天下方面官姓名于文华殿

《明英宗实录》卷四二

庚寅，書天下文武方面官姓名于文華殿。先是，　上諭行在吏部、兵部臣曰，朕承天序爲天下君①，實惟爾文武元僚輔毗於内，暨諸方岳藩維于外，用匡乃治以安兆民。夫庶官賢否，朕難知，使淑慝淆混②莫辨，將孰與爲善。爾元僚朝夕在左右，朕熟知之，在外者或知有未盡。先朝嘗命書其姓名於武英殿南廡，或於奉天門西序，以備觀覽。而邪正忠回，燦然目睫之下，遠近聞風更相砥礪，將孰與爲不善③。昔唐太宗亦書刺史名於屏④，有善惡之迹悉注於下，當時貞觀之治，藹然可稱⑤。爾等其書中都留守司、各都司、布政司、按察司官姓名揭於文華殿，俟儒臣進講經史之暇，因以考其人之賢否而加黜陟焉，誠化理之大端也。至是，吏部、兵部具以文武方面官職姓名進。　上命分揭于殿之東西壁云。

① 爲天下君　影印本君字不明晰。

② 浠混　廣本抱本作混淆，是也。

③ 將孰與爲不善　抱本善下有者字。

④ 書刺史名於屏　廣本史下有之字。

⑤ 藹然可稱　廣本稱作觀。

○一四七　正统三年五月初十日　迁甲乙丙丁等库于内府

《明英宗实录》卷四二

癸巳，遷甲乙丙丁等庫於內府。初，上以各庫在外出納不便，欲遷移不果，至是始遷之。

○一四八　正统三年五月初十日　迁甲乙丙丁等库于内府

《国榷》卷二四

癸巳。遷甲乙丙丁等庫于內府。

〇一四九　正统三年五月十七日　将西安卫指挥旧宅给永寿王

庚子。初，陝西西安衛指揮沈達以事遷調，其所遺舊宅近宜川王府，王因請以自益。會永壽王亦以為請。上命行在工部覈其相去遠近宜否以聞。至是，尚書吳中言，其宅近宜川王府，但府地已廣，不必加益。永壽王府雖相去里許，然本府窄狹，又王第①鎮國將軍志墝將欲別居，必須宅第。宜如永壽王請。從之。

①　王第　舊校改第作弟。

《明英宗实录》卷四二

〇一五〇　正统三年五月十七日　命天下修葺申明旌善二亭

戶部廣西司主事張清言，洪武間設立申明、旌善二亭，所以勸懲善惡也。近年有司視為文具，廢弛不舉，將何以示勸懲。廣西平樂府知府唐復亦以為言。行在禮部會議，宜行天下府州縣，修葺二亭，復置板榜于內。如有為善為惡之人，備寫事跡，揭于亭內，以勵風俗。上命有司行之。

《明英宗实录》卷四二

〇一五一　正统三年五月十九日　造大通桥闸成

造大通橋閘成。行在工部請撥丁夫監守，且以隸附近慶豐閘官。從之。

《明英宗实录》卷四二

〇一五二　正统三年五月二十七日　诏放免锦衣等卫老疾军匠

詔放免錦衣等衛軍匠四百七十四名，以其老疾也。

《明英宗实录》卷四二

〇一五三　正统三年五月　建太仓库

五月。建太倉庫。

《明书》卷八

○一五四　正统三年六月初五日　逮治休番未赴工民匠

丁巳，行在工部尚书吴中言：应天府上元、江宁二县民匠，例应二年一番赴工，有自宣德七年休番至今犹未赴工者一千六百余人，请敕有司逮系至京治罪。从之。

《明英宗实录》卷四三

○一五五　正统三年六月初七日　宛平县择址新建旌善申明二亭

顺天府宛平县言：本县旌善、申明二亭年远废弛，其基址皆沦为民居。今有税课局已经裁减者，请即其处为之。

上从其请。

《明英宗实录》卷四三

〇一五六　正统三年六月初十日　备料以修正阳门城楼

行在工部言，近者修德勝等門城樓，將在京各廠局物料支給殆盡。明春當修正陽門城樓，乞發後軍都督府軍千名，給與口糧，令於薊州保安等處山場採木編筏，自渾河運至貯小屯廠，以備支用。從之。

《明英宗实录》卷四三

〇一五七　正统三年六月二十七日　命增给老弱军匠人等月粮

增給軍器等局老弱軍匠月糧人五斗，餘丁匠人四斗。時軍匠老弱退出外局成造軍器者月糧止給三斗。餘丁匠人赴內監局工者，雖無月糧尚有常食。赴外局者並無常食。至是各訴食用不給。上命行在戶部量為增給。遂有是命。

《明英宗实录》卷四三

〇一五八　正统三年七月初二日　造宁化王母坟逾制　《明英宗实录》卷四四

造寧化王母墳，舊制應用地周圍四十五丈。而監造官用一百五十五丈，又占墳垣外地十七頃有畸。上以諸王制度具有成式，逮監造官治罪。

〇一五九　正统三年七月十七日　修襄王府　《明英宗实录》卷四四

修襄王府。初，襄王以其府第四散不相連屬，請更造。上勑湖廣三司勘實繪圖以聞。至是事下行在工部，尚書吳中言，如圖更造合用夫匠萬餘人，計功三年可畢①。上曰人力方艱，豈可復有此勞擾。姑仍舊第修理之。

① **計功三年可畢**　**廣本抱本功作工，是也。**

〇一六〇　正统三年八月初三日　庆王栴薨命有司治丧葬

乙卯，庆王栴薨。王，太祖高帝[①]第十五子，母妃余氏。洪武戊午[②]年生，辛未年受封。至是病，命内官萧愚带医士往视，至已薨矣，享年六十。讣闻，上辍视朝三日[③]，遣官赐祭，谥曰靖，命有司治丧葬。

①　太祖高帝　　廣本抱本高下有皇字，是也。

②　戊年　　廣本抱本年作午，是也。

③　上輒視朝三日　　舊校改輒作輟。

《明英宗实录》卷四五

〇一六一　正统三年八月初六日　修理京城门楼河桥工毕

修理京城门楼河桥工毕，遣少保兼工部尚书吴中、工部侍郎李庸，留是分诣各门祭司工之神[①]。顺天府府尹姜涛祭北京城隍之神。

①　祭司工之神　　抱本工作士，誤。

《明英宗实录》卷四五

〇一六二　正统三年八月初七日　以糯米糊和灰固砖石湖堤

《明英宗实录》卷四五

築高郵湖堤。堤長四百二十五丈，舊用土築，遇風浪撞激輒敗。間用木椽筆東蔽護，亦不經久。至是甃以磚石，復以糯米糊和灰固之，始堅緻可久矣。

〇一六三　正统三年八月初九日　顺天府科场失火

《明英宗实录》卷四五

是日晚，順天府科場失火，燬東南席舍并對對讀所①，延及聽事而止。府尹姜濤暨御史時紀等上章請罪。上特宥之，命於今月十五日爲始再試。

① 對對讀所　舊校删一對字。

〇一六四　正统三年八月初九日　顺天贡院火

三年八月辛酉，順天貢院火，席舍多焚，改期再試。

《明史》卷二九，并见《明会要》卷七〇

〇一六五　正统三年八月初九日　顺天贡院火

八月辛酉，順天貢院火。席舍多焚，試卷亦殘缺。

《明通鉴》卷二二

〇一六六　正统三年八月十二日　命督衡州修理南岳神祠像设

命湖廣布政司正官督衡州府縣修理南嶽神祠①、像設。先是巡按湖廣監察御史陳祚奏，南嶽神廟殿宇、門廊，舊有二百餘間，規制廣大，年久朽爛頹

《明英宗实录》卷四五

塌，塑像傾壞，不稱神靈。臣考之典籍，山川嶽瀆皆是陰陽氣化所成，即非人類肖像可擬②，止宜設壇致祭，不當立廟。故宋儒張栻曰，川流山峙是其形也，而人之也何居。其氣之流通可相接也，而宇之也何居。欽惟　太祖高皇帝鑒前代之謬，凡諸嶽鎮海瀆革去帝王位號，惟存本稱。如南嶽止稱南嶽衡山之神，仍詔天下遵守，甚盛典也。惟前代塑造后妃，侍御寢殿朝堂，因循未革。今坍塌已甚，非用工七八萬莫能復舊。乞禮官會議，因其頹廢之餘，革去廟宇像設，照依朝廷祭祀山川制度，内築壇壝，外立廚庫，繚以周垣，附以齋室。每遇春秋精嚴祀事，則禮制合經，神明不瀆。奏下行在禮部。尚書胡濙等議稱，衡山塑造神像、寢殿朝堂、歷代相因，備有年矣。國初更制神號，不除像設，必有明見。所言難准。宜令有司役民，趁農隙採木燒磚，買辦顏料，并工修理。其餘房室③，如本山道衆或好善軍民情願修補者聽。

上從之。

① 南獄神祠　舊校改獄作嶽，下同。

② 肖像可儗　抱本儗作擬。

③ 房室　廣本抱本室作屋。

〇一六七　正统三年八月十八日　书复宁化王坟地丈尺不敢违制

《明英宗实录》卷四五

庚午，書復寧化王濟㷇曰，所喻母夫人墳園欲將墻內外地該納税糧折歲支祿米，具見叔祖孝意。然墳地丈尺已有定制，朕不敢違。但園在墻內者已令所司於附近官地內撥與百姓兌换。其墻外地畝數多，若盡奪之，非惟違祖宗定制，且使民人失所。書至，可將墳墻外田地仍給還民人耕種，庶不招怨。專此以復。

〇一六八　正统三年八月　修复南岳祠　清《续通考》卷七四

英宗正統三年八月修南嶽祠
巡按御史陳祚言，南嶽神廟頹敗，請撤去殿宇像設，依祀山川例，爲壇以祭。禮臣重興革，不允其請。仍命大吏督有司修復。至景泰六年十月再修。

〇一六九　正统三年九月初一日　盗长陵水沟铁窗者被枭首　《明英宗实录》卷四六

長陵衛餘丁竊賣　長陵水溝鐵牕。事覺。行在都察院擬杖戍邊。　上以其竊　陵寢中物，特命梟首示衆。

○一七○ 正统三年九月初四日 行在工部尚书李友直卒 《明英宗实录》卷四六

行在工部尚書李友直卒。友直字居正，直隸清苑人。① 太宗皇帝在潛邸，將舉兵靖難。北平布政使張昺知是謀，會其僚欲奏發之時，友直為庫吏，密以告于 太宗，得擒斬昺等。友直以功授北平布政司右參議。既建北京，改布政司為行部，陞左侍郎。時初作宮殿，營繕務殷，咸命友直董之。遂改為行在工部左侍郎。 仁宗皇帝臨御，陞北京行部尚書。奉命代祀西嶽，見周諸陵。既還，言關中民疲困狀，深見嘉納。 宣宗皇帝嗣位，改行在工部尚書。凡朝廷有大興作，悉以委之。至是卒。遣官諭祭，命有司治喪葬。

① 清苑人 廣本苑下有縣字，是也。

〇一七一 李友直董采殿材于蜀 《东里续集》卷二七

宣宗皇帝嗣位，改行在工部尚書。嘗奉命董採殿材於蜀。設施有方，綏撫有誠，勞者不怨。自是朝廷凡有興作重役，悉以委之。

编者注：选自明·杨士奇《工部尚书李公神道碑铭》

〇一七二 正统三年九月初六日 不准荆王改徙之请 《明英宗实录》卷四六

丁亥，書復荆王瞻堈曰，所喻建昌居址歲久，屋宅陰森，欲徙河南。且建昌本江南善地，非卑濕瘴癘之所。昔 皇祖仁宗皇帝擇此以爲叔之封國，今居十餘年亦自安穩。且人之生死自有定命，皇居河南者皆不①[illegible]。叔宜恪遵 皇祖之命，安靜以居，不可惑於邪言輒求改作。②

至，仍令長史紀善具情回奏。

① 皆不死乎 館本死乎二字斷爛。

② 驟求改徙書至 館本徙書二字斷爛。

〇一七三 正统三年九月初九日 工部右侍郎蔡信卒

工部右侍郎蔡信卒。遣官祭之。其辭曰，爾以精通工技，久效勞勤。兹特遣祭，命官治喪葬。爾其承之。

《明英宗实录》卷四六

〇一七四 正统三年九月十四日 革贵州铜仁水银硃砂场局

革貴州銅仁有大萬山長官司水銀硃砂場局，以其官多人少地瘠課重也。

《明英宗实录》卷四六

〇一七五　正统三年九月二十一日　增修试院房屋

《明英宗实录》卷四六

壬寅，增修試院房屋。從行在禮部尚書胡濙奏請也。

〇一七六　正统三年九月二十二日　修西中门及銮驾库等

《明英宗实录》卷四六

修西中門及鑾駕庫盔甲刀弓箭，以其年久損敝故也。

〇一七七　正统三年九月二十六日　修西中门工毕

《明英宗实录》卷四六

丁未，以修西中門工畢，遣少保兼工部尚書吳中祭司工之神。

〇一七八　正统三年九月二十七日　准庆成王修理居所

慶成王美壙①奏，臣父莊惠王永樂間奉勅出居汾州，緣無殿宇，止於州治暫住。今年久朽敝，欲令有中校卒修理。上從之。

《明英宗实录》卷四六

① 慶成王美壙　廣本抱本壙作埥，是也。

〇一七九　正统三年九月　周忱办送宫殿彩绘用牛胶

宫殿綵繪用牛膠萬餘斤。勑巡撫南直隸尚書周忱辦送。忱[illegible]，京庫所貯皮張朽腐，請出煎膠應用。明旨即撥餘米[illegible]於所易造，兩得便利。從之。

《大政纪》卷一一

〇一八〇 正统三年九月 周忱办送宫殿彩绘用牛胶

三年九月。宫殿綵繪用牛膠萬餘斤。勑巡撫南直隸尚書周忱辦送。忱奏京庫所貯皮張朽腐，請出煎膠應用。又治郎中徐朱買皮，以新易舊兩得便利。從之。

國朝典彙卷一百九十五 六 柴辦兩供物料

《国朝典汇》卷一九五

〇一八一 正统三年十月初三日 命造完京师仓廒

行在工部奏，京師倉廒修造已多，無糧可貯，且軍士已半放回。今興安伯徐亨等復請量地計料，宜俟糧多工足之日。上不從。命見在軍工造完之。

《明英宗实录》卷四七

○一八二　正统三年十月初六日　南京天界寺听僧自修

南京天界寺僧左覺義蓋周乞官修寺宇及自造佛像。又言采石蘆場舊供寺柴薪者，乞如舊賜臣。少保吴中爲之請。上曰，今各處軍民艱窘，爾欲重困之乎。修寺造佛任蓋周自爲之。蘆場果寺舊者仍覆實以聞。

《明英宗实录》卷四七

○一八三　正统三年十月初七日　命湖广金山河泊所岁办熟铁

湖廣金山臺池河泊所官李允先奏，本所歲辦桐油三千二百九十餘斤。緣非土産，每年變買上納，民甚不便。乞以土産熟鐵折收。上命行在工部覆實從之。

《明英宗实录》卷四七

〇一八四　正统三年十月初七日　修三里河桥及张家湾士桥　《明英宗实录》卷四七

修崇文門外三里河橋，築張家灣士橋，[1]以年久損壞，民病涉故也。

①築張家灣士橋　抱本士作上。

〇一八五　正统三年十月初九日　修南京内府丙字等四库　《明英宗实录》卷四七

修南京内府丙字等四庫。

○一八六　正统三年十月十八日　命有司械逃匠赴京师

行在工部奏、工匠逃者一千六百九十餘人，不懲治無以警姦惰者。請令有司械赴京師。從之。

《明英宗实录》卷四七

○一八七　正统三年十月二十八日　南康大长公主薨敕营葬事如例

乙卯南康大長公主薨。公主　太祖高皇①第十一女，洪武六年生，二十一年封南康公主，嫁駙馬都尉胡觀。永樂初封長公主。洪熙初進大長公主。至是薨，享年六十有六。訃聞，　上深悼之，遣官致祭。勅有司營葬事如例。

① 太祖高皇　廣本抱本皇下有帝字，是也。

《明英宗实录》卷四七

○一八八　正统三年十月二十八日　卫王薨遣官祭葬

《明英宗实录》卷四七

衛王瞻埏薨。王，仁宗皇帝第十子，母肅恭貴妃郭氏，永樂十四年生，册封爲衛王，留居京邸。爲人孝謹，雅好學問，宗室中號稱賢王。正統初祀禮皆王代行。至是薨，年二十三。上甚哀念，爲輟視朝三日，遣官祭葬，謚曰恭。

○一八九　正统三年十一月初三日　令襄阳卫所州县助修襄王府

《明英宗实录》卷四八

行在工部奏，先奉勅脩襄王府。今内官王通等及襄陽府衛各言本處屢經旱澇，軍民艱食，工力物料不給。上令附近衛所州縣發軍夫工匠三千人往助之。物料取諸官，不足宜市於民，而官酬以直。仍令具數以聞，毋侵擾取罪。

○一九○　正统三年十一月二十日　修南京都察院厅

修南京都察院廳。

《明英宗实录》卷四八

○一九一　正统三年十一月二十八日　命卫恭王妃与王合葬

戊申，衛恭王妃楊氏薨。妃東城兵馬副指揮順之女，正統二年冊封。王薨，妃哀痛自經。上聞訃，遣中官致祭，謚曰貞烈，與王合葬。

《明英宗实录》卷四八

○一九二　正统三年十一月三十日　量遣工匠造卫恭王坟

庚戌，少保工部尚書吴中奏，本部奉旨造衛恭王墳如滕懷王式。工匠於長陵等三衛量遣。今

《明英宗实录》卷四八

王琦擇地去長陵等衛遠，守陵官軍恐未宜動。請於三衛在京操備者倩二千人及後軍都督府、順天府衛、府儀衛司并採辦柴炭夫各以一千人分班修之。上曰操練不宜動[1]，餘如所請。

① 操練不宜動　廣本抱本練下有者字，是也。

○一九三　正统三年十一月三十日　书谕庆世子如言安厝庆王　《明英宗实录》卷四八

書諭慶世子秩煃，得奏先王薨，欲率人相地安厝，此世子之孝敬也[1]。又欲免護衛屯軍明年子粒同寧夏四衛軍徐[2]往造已壽，如世子言，世子其知之。

① 此世子之孝敬也　廣本抱本敬作誠。

② 軍徐　廣本抱本徐作餘，是也。

○一九四　**正统三年十一月　逮天下逋逃工匠桎梏赴工**

冬十一月，逮天下逋逃工匠四千餘人。宣德間徵天下軍民工匠多所興造。帝即位悉罷之。未幾建宮殿、修九門、改造五府六部諸司公署，又建京城內外諸佛寺。工役繁興，匠多逃者。二年二月以後已逮六千餘人，至是又逮四千二百餘人，後又逮萬人。逮至者皆桎梏赴工。六年夏以盛暑始脫桎梏。

《历代通鉴辑览》卷一〇三

○一九五　**正统三年十一月　逮天下逋逃工匠桎梏赴工**

十一月，逮天下逋逃工匠四千餘人。初，宣德間徵天下軍民工匠多所興造。上即位悉罷之。未幾建宮殿，修九門，改造五府六部諸司公署，又廣建京城內外諸佛寺。工役繁興，匠多逃者。二

《明通鉴》卷二二

年二月以後己逃六千餘人，至是積四千二百餘人，悉命逮之。逮至者皆桎梏赴工，軍民失望。

○一九六　正统三年十二月初五日　以葬卫恭王祭神

《明英宗实录》卷四九

乙卯，以葬衛恭王遣官祭石景之神①。

① 祭石景之神　廣本抱本景下有山字，是也。抱本石作右。

○一九七　正统三年十二月十六日　禁烧造官样青花白地瓷器

《明英宗实录》卷四九

命都察院出榜，禁江西瓷器窰場燒造官樣青花白地瓷器，於各處貨賣及饋送官員之家。違者正犯處死，全家謫戍口外。

○一九八　正统三年十二月二十三日　命罢修中岳庙

《明英宗实录》卷四九

初，河南中嶽廟損壞，上命有司修葺。至是以其地饑命罷之。

○一九九　正统三年十二月二十五日　韩府承运殿灾

《明英宗实录》卷四九

乙亥，韓府承運殿災。上遺王書曰，聞府中失火，良為惻然。已令所司措置事宜。蓋兹事有非偶然者，王宜寬釋，用以自警。

○二○○　正统三年十二月二十五日　韩府承运殿灾

《明史》卷二九

十二月乙亥，韓府承運殿災。

〇二〇一　正统三年十二月二十五日　命逮逃匠

《明英宗实录》卷四九

命各處有司逮逃匠四千二百五十五人。

〇二〇二　正统三年　顺天乡试场屋火

《图书集成·考工典》卷五九，并见《日下旧闻考》卷四八

貢舉考。正統三年，翰林侍講學士曾鶴齡主考順天鄉試。初試之夕，場屋火。試卷有殘闕者。有司懼罪，不敢以更試爲言，惟欲修葺場屋，以終後兩試。鶴齡曰，必更試。有司具二說以進。命如鶴齡所言。

〇二〇三　正统三年　设总督仓场公署

《春明梦余录》卷三七，并见《天府广记》卷一四

倉場

總督倉場公署，在城之東裱褙衚衕，設於正統三年。糧儲抵通，分貯京、通二處：在京者曰舊大（太）倉，曰百萬倉，曰南新倉，曰北新倉，曰海運倉，曰禄米倉，曰新大（太）倉，曰廣備庫倉；在通州者曰大運西倉、大運南倉、大運中倉、大運東倉。户部侍郎或尚書總督之。其公署在舊大（太）倉内，銀庫在總督公署之左，中爲銀窖老庫。元時有京畿都漕運使司，所管倉有萬斯南倉、萬斯北倉、千斯倉、相因倉、豐閏倉、通濟倉、廣貯倉、永平倉、永濟倉、維億倉、盈衍倉、大積倉、豐實倉、廣衍倉、順濟倉。今之倉多其地也。

〇二〇四　正统三年　设仓场公署

《明会要》卷五六

正統三年，設倉場公署，糧儲抵通，分貯京、通二處。在京者曰：舊大倉、百萬倉、南新倉、北新倉、海運倉、祿米倉、新大倉、廣備庫倉。在通者曰：大運西倉、大運南倉、中倉、東倉。（春明夢餘錄。）

○二○五　正统三年　始建宗人府

《春明梦余录》卷二九

宗人府，在皇城之東，吏部衙門之上，坐東向西。洪武三年，置大宗正院，正一品。二十三年，改爲宗人府，設宗人令，左、右宗正，掌皇族之屬籍，以時修其玉牒，書宗室子女嫡庶、名、封、生卒、婚嫁、謚葬之事。初以秦王爲宗人令，晉王、燕王左、右宗正，周王、楚王左、右宗人。及建都北京，永春侯王寧，洪熙、宣德，武定侯郭鉉署事。正統三年，始建府，西寧侯宋瑛；嘉靖中，京山侯崔元署事。寧、瑛、元，皆駙馬都尉，鉉，仁宗貴妃弟。崇禎五年壬申，推掌印，以近代多用都尉諸戚畹，太康伯張國紀輩起而争之，然竟用都尉。至己卯再推，復力争，仍用都尉萬煒。

正统四年

（一四三九年一月十五日至一四四〇年二月二日）

〇二〇六　正统四年正月二十四日　修广宁旧王府承奉司为仓廒

巡抚辽东左副都御史李濬奏，適者，募商中盐输粮广宁，已得十余万石，而仓廒不足。城中有旧王府、承奉司等房，请修葺为仓。从之。

《明英宗实录》卷五〇

〇二〇七　正统四年二月十四日　令襄阳府官校旗军居府前旷地

巡按湖广监察御史时纪奏，比者以襄阳卫为襄阳府，府前避从者千余家，其地甚旷。而府中官校、旗军，散处军民宅第，倚强无赖，侵害良善。乞督令於府前旷地营屋以居。上可其奏。

《明英宗实录》卷五一

〇二〇八　正统四年二月二十二日　增设府军左等三卫仓　《明英宗实录》卷五一

增設府軍左、府軍右、金吾前三衛倉。時行在户部奏，河冰既開，餉運將至。府軍左等三衛無倉收受，東直門内已創倉廒一百五十七間，請置爲三衛倉。銓官鑄印，僉點軍斗，故增設焉。

〇二〇九　正统四年二月二十四日　嘉兴大长公主薨命有司营葬　《明英宗实录》卷五一

癸酉，嘉興大長公主薨。公主　仁宗昭皇帝長女，　太皇太后出也。永樂七年生，洪熙元年冊封嘉興公主，宣德五年下嫁駙馬都尉井源，正統二年進封大長公主。至是薨，享年三十有一。訃聞，　上輟視朝一日，遣中官致祭命。有司營葬。

○二一〇 正统四年闰二月初八日 就澧阳旧县创建澧州治

湖廣澧州奏，洪熙元年以州治爲華陽王府。州事暫就澧陽廢縣東偏聽理。其幕廳、吏舍、囚獄俱無，乞即其地創建州治。從之。

《明英宗实录》卷五二

○二一一 正统四年闰二月十九日 敕勋臣董修皇陵

丁酉，勅武定侯郭玹①往同太監雷春、中都正留守蕭讓，董修皇陵。復勅春等公同計議，不許怠忽。

《明英宗实录》卷五二

① 郭玹 抱本玹作瑄，誤。

○二一二　正统四年闰二月十九日　修皇陵

丁酉。武定侯郭瑄、太监雷春修皇陵。

《国榷》卷二四

○二一三　正统四年闰二月二十五日　修御马仓

修御馬倉。

《明英宗实录》卷五二

○二一四　正统四年三月初一日　颁诏大赦天下

正統四年三月己酉朔　上御奉天殿頒詔大赦天下。

一，各處造作除軍需外，其餘不急之務悉皆停罷。今後非奉朝廷明文，敢有擅役一軍一民及擅自科辦者，罪之。

《明英宗实录》卷五三

一，逃軍逃囚逃匠人等，詔書到日爲始，限三箇月以裏赴官自首，與免本罪①。軍還原伍，民還原籍，匠復本業。一，逃年失班人匠與免本罪，仍令依舊輪班，免其罰工。如仍前不赴工者，治之以罪。一，各處軍民匠役人等有因饑窘及被官司逼迫不得已，逃避山林，或因而糾合爲非者，詔書到日悉宥其罪。令各復業着役，免其糧差二年。所在官司善加優恤，不許生事擾害，違者罪之。

① 與免本罪　抱本本作其。詔制作本。

〇二一五　正统四年三月初十日　代府寝殿火　《明英宗实录》卷五三，并见《明史》卷二九

代府寢殿火。

○二一六　正统四年三月　新作京城九门成

《罪惟录》志卷二八

正統四年三月，新作京城九門成。

○二一七　正统四年四月十七日　遣使册封辽王入居王府

《明英宗实录》卷五四

甲午，遣駙馬都尉王誼，給事中趙晃，持節齎册寶，封遼簡王第四子興山王貴熧為遼王。書與之曰①，前因遼王貴烚滅絕天理，瀆亂人倫，難奉國祀，謹遵祖訓，削為庶人，今歸守遼簡王墳塋。已遣書諭爾知之，茲念親親，特隆恩典，專遣使持節齎册寶封爾為遼王，以奉國祀。爾妃杜氏為王妃，悉移入王府居住。將爾并妃舊册即封識遣人奏繳。爾宜鑒前人之失，恪勤忠孝，親賢樂善，永為藩輔。遂遣書②并戒松滋、益陽、湘陰、衡陽、應山、宜城、枝江、沅陵、麻陽、衡山、蘄水諸王，仍致書偏報親藩及勅駙馬都尉趙輝。凡庶人貴熔③本房人口、家財，聽其般去④。其餘宮眷人口物件不許輕動。待興山王受封之後，盡數交付，令其掌管。舊有寶匣收藏在府，亦令尋取付與。其貴熔及妻曹氏原受金冊俱令追取齎回進繳，并勅鎮守荆州府都督馮斌及湖廣都司布政司、按察司、荆州衛府官，悉令知之。

① 書與之曰　抱本與作諭，是也。
② 遂遣書　抱本遣作遺。
③ 貴熔　廣本抱本熔作焓，下同，是也。
④ 聽其般去　抱本般作搬。

〇二一八　正统四年四月二十七日　书谕庆世子不得为先王立碑

《明英宗实录》卷五四

甲辰，慶世子秩煃奏欲為先王立碑。事下禮部議，洪武永樂間無親王及郡王立碑事例。上遣書諭世子知之。

〇二一九　正统四年四月二十七日　命督工修完孝陵

《明英宗实录》卷五四

初，南京工部奏命修　孝陵①寢殿垣牆。會詔停不急之務。工部侍郎張順與襄城伯李隆、少保兼戶部尚書黃福會議罷修。事聞。　上曰：修理　祖宗陵寢，可謂不急之務乎？命械順至京，下獄鞫之。隆、福具奏引服，且言工匠未罷，夫役暫休，皆臣等之罪。　上曰：朕以南京　祖宗陵寢所在，付托爾等修守②，今乃怠慢如此，論法不可容。姑記其罪，其即督工修完。敢有仍前托故延緩者，必罪不宥。

①　奏命修孝陵　廣本抱本奏作奉，是也。

②　爾等修守　廣本守作理。

〇二二〇　**正统四年四月二十九日　修造京师门楼城壕桥闸完**

《明英宗实录》卷五四，并见《图书集成·职方典》卷三，《日下旧闻考》卷三八

丙午，修造京師門樓城濠橋閘完。正陽門正樓一，月城中、左、右樓各一。崇文、宣武、朝陽、阜①城、東直、西直、安定、德勝八門各正樓一，月城樓一。各門外立牌樓。城四隅立角樓。又深其濠，兩涯②悉甃以磚石。九門舊有木橋，今悉撤之，易以石。兩橋之間各有水閘，濠水自城西北隅環城而東，歷九橋九閘，從城東南隅流出大通橋而去。自正統二年正月興工，至是始畢。煥然金湯鞏固，足以聳萬國之瞻矣。

① 阜城　廣本抱本城作成，是也。

② 兩涯　廣本涯作岸。

〇二二一　**正统四年四月二十九日　京师门楼城壕闸工完**

朱国祯《大政记》卷一三，参见《国榷》卷二四

丙午，京師門樓、城濠、橋閘工完。二年正月興工

○二二二　正統四年四月二十九日　追封沐晟为定远王

《明英宗实录》卷五四

追封太傅黔國公沐晟為定遠王。誥曰，國家篤念勳臣，殁則賜之謚，而進其爵，所以表行而崇功也。晟始以元勳之子①，進封公爵，歷事 列聖，恭慎小心，鎮守南詔四十餘年，士民悅服，邊境底寧。比以麓川弗靖，勞我六師方圖成算。遽焉云殁。慨念元勳，良切于懷，特追封為定遠王，謚忠敬。嗚呼，崇德報功，國家令典。卿其有知，服該寵命。并賜誥追封其夫人程氏為定遠王夫人。

①晟始以元勳之子　抱本無始字。

○二二三 正统四年四月 正阳门月城成

《杨文敏集》卷一一

登正陽門樓倡和詩序

皇上嗣登大寶以來，仰祖宗之成規，隆繼述之大志。凡事之有利於天下國家則必爲之，與夫爲之而未及成者，皆以次修舉。民不知勞而功克就。易曰：説以先民，民忘其勞。是歲正陽門月城成，

曰庶民子來，信有徵也。正統己未夏四月，正陽門月城成。是月望日朝退之暇，少保江陵楊公與余暨禮部侍郎臨川、泰和二王公，學士文江錢公往觀焉。時雨新霽，天氣清和，微風輕颸，埃壒不生。既抵城門，適與都督沈公遇。公董城之役者也。遂導予五人者登城樓，觀新制作。躡梯三層，至最高處，極目四望，內則宮闕之麗，崔巍煇煥。太液金溝之水，混涵蜿蜒。萬歲之山，雲霞繚繞，佳木鬱葱。外則潞河之流，東入于海；沃壤之廣，南去無際。

西北则連山層巒，透迤聳伏，若虎踞龍蟠。環城四面皆居民，凡數百萬家，櫛比鱗次，望之莫極。遂循城西下，出城門觀橋。橋分三道，皆疊石爲之，中則輦路也。徘徊者久之。

○二二四　正统四年五月初三日　遣行在工部尚书祭司工之神

庚戌，遣行在工部尚書吳中祭司工之神。以修造京師門樓、城壕、橋閘、街道、坊牌工畢也。

《明英宗实录》卷五五

○二二五 正统四年五月初四日 修滁州柏子龙潭祠 《明英宗实录》卷五五

辛亥修滁州柏子龍潭祠。

○二二六 正统四年五月十九日 增筑汝阳大长公主寿藏 《明英宗实录》卷五五

以應天府江寧縣民地三十三畝有奇，增築汝陽大長公主壽藏，除民租税。從公主奏請也。

〇二二七　正统四年五月二十五日　大雨京师水溢

《明英宗实录》卷五五

壬申，大雨。京師水溢，壞官舍民居三千三百九十區。溺男婦二十有一人。富者徙屋以居，貧者露宿長安街皆滿①。先是京師久旱，至是大雨驟降，自昏達旦，城中溝渠未及疏濬，城外隍池新築狹窄，視舊減半。又作新橋閘②次第壅遏，水無所泄，故有是患。

① 露宿長安街皆滿　抱本無安字。

② 作新橋閘　抱本作新作新作。

〇二二八　正统四年五月二十七日　周宪王薨命有司营葬

《明英宗实录》卷五五

甲戌，周王有燉薨。王，周定王嫡長子，母妃馮氏，洪武十二年生，二十四年册封為世子，洪熙元年襲封周王。王博學善書，所著有誠齋集，所臨有東書堂法帖。至是薨，享年六十有一。訃聞，上輟視朝三日，遣官致祭，謚曰憲。命有司營葬。

〇二二九　正统四年五月　重作京城九城门　《大政纪》卷一一

五月，重作京城九城門。

〇二三〇　正统四年五月　重作京城九城门　《国朝典汇》卷一八七

正統四年五月，重作京城九城門。工部侍郎蔡信颺言於衆曰，役大非徵十八萬民不可，材木諸費稱是。上遂命太監阮安董其役。取京師聚操之卒萬餘，停操而用之，厚其既廪，均其勞逸，材木諸費一出公府之所有，有司不預，百姓不知，而歲中告成。

〇二三一　正统四年五月　新作京城九门　《二申野录》卷二

五月，新作京城九門。

○二三二　正统四年五月　重修元世祖庙　《天府广记》卷九

元世祖廟在皇城西金城坊，洪武十年，以世祖有功德於燕土，不可絶其血食，命建廟，有司歲時致祭。正統四年五月，復命順天府重修，至京師帝王廟成，始罷其祭。

○二三三　正统四年六月初六日　命修锦衣等卫仓　《明英宗实录》卷五六

命工部侍郎邵旻董修錦衣等衛倉。

○二三四　正统四年六月初八日　于正阳等门外设减水河　《明英宗实录》卷五六

甲申，行在工部請於正陽等門外設減水河，并疏城中溝渠，以利水道。從之。

〇二二三五　正统四年六月二十五日　修德胜门内外土城及砖城　《明英宗实录》卷五六

辛丑，修德勝門內外土城及甎城爲雨所壞者。

〇二二三六　正统四年六月二十六日　越靖王薨命有司营葬　《明英宗实录》卷五六

壬寅，越王瞻墉薨。王，仁宗昭皇帝第三子，太皇太后出也。永樂三年生，二十二年冊封，未之國。至是薨，年三十五。訃聞，上哀悼輟視朝三日，遣官致祭，謚曰靖。命有司營葬。王無嗣，國除。

○二二三七　正统四年七月初一日　书谕庆世子妥处兄弟旧第

《明英宗实录》卷五七

書復慶世子秩煃曰，爾前奏，原以指揮孫庸、曹倫第宅與真寧、安化二王，已准所奏。今真寧王奏，父存日並不曾言以孫庸住宅與之，已於府西傍地創屋三所以居。安化王亦奏，父存日已有屋在西殿中，住經十二年。其曹倫宅狹隘難居。俱欲仍在舊第另開門户。書至，爾宜相度二王舊第，果於府中有礙，具奏裁處。否則分以處之。安化王又奏，父存日，曾撥與伴讀孫玦教書，父薨後玦久不至，若玦不應與，亦具奏來。大抵兄弟至親，以友愛敦睦為重，不宜輒因小忿有傷同氣之義。世子勉之。

○二二三八　正统四年七月初五日　命修南京城

《明英宗实录》卷五七

辛亥，命修南京城為雨所壞者。

〇二三九　正统四年七月初九日　命修元世祖庙

《明英宗实录》卷五七

乙卯，命顺天府修元世祖廟。

〇二四〇　正统四年七月初九日　修元世祖庙

《国榷》卷二四

乙卯。修元世祖廟。

〇二四一　正统四年七月十九日　宁国大长公主坟茔占地免租税

《明英宗实录》卷五七

寧國大長公主墳塋占用官民田地一百八十七畝有奇，令有司免其租税。

○二四二　正统四年七月二十日　韩王请赐做工府军月粮　《明英宗实录》卷五七

丙寅，韩王冲烒奏，近蒙優免本府軍屯種，同本府守城旗軍修蓋殿宇。緣各軍在前屯種自辦正糧食用。今令做工，不暇耕種取給。乞賜月糧。奏下行在户部，請令各屯軍原種田地有餘丁者，令自種自食，不與月糧。無餘丁者，撥田付與人種，代納子粒，照守城旗軍例關與月糧。從之。

○二四三　正统四年七月二十七日　修北京会同馆　《明英宗实录》卷五七

修北京會同館。

○二四四　正统四年八月初二日　修北京国子监　《明英宗实录》卷五八

修北京國子監。

〇二四五　正统四年八月二十一日　命大臣盘移天财等库库藏

丙申，以新造天財甲乙丙丁等庫成，欲盤移庫藏，命魏國公徐顯宗、行在户部右侍郎吴璽總理其事。

《明英宗实录》卷五八

〇二四六　正统四年八月二十二日　官给物料盖造庆靖王享堂

丁酉，書諭慶世子秩煃曰：承喻。先王享堂未完，欲令護衛原免子粒屯軍蓋造。及自市丹漆錫鉑，具見世子體念民情之意。所需釘線已令陝西布政司計料如數造辦送用。府中不必給直。所撥指揮孫庸、曹倫二賊①與真寧、安化二王，既先王有命，宜如前書，令護衛軍校修完與之。伴讀孫玦既不應與，亦不必遣去，已有書諭二王知之。世子宜益以孝友存心，兄弟至親，從容以禮相處，宜無不可者。世子其亮之。

《明英宗实录》卷五八

① 孫庸曹倫二賊　廣本抱本賊作宅，是也。

〇二四七　正统四年八月二十三日　修南京后湖贮册库

修南京後湖貯册庫。

《明英宗实录》卷五八

〇二四八　正统四年八月二十五日　遣使册封周王庆王及庆王妃

庚子，遣駙馬都尉指揮趙輝、兵部侍郎鄭辰為正使，給事中李秉、石瑁為副使，各持節册封祥符王有爝為周王。慶世子秩煃為慶王。世子妃趙氏為慶王妃。

《明英宗实录》卷五八

〇二四九　正统四年八月二十七日　楚庄王薨命有司营葬

壬寅，楚王孟烷薨。王楚昭王嫡長子，母妃王氏，洪武十五年生，三十二年册為世子。永樂二十二年襲封楚王。至是薨，享年五十有八。訃聞，上輟視朝三日，遣官致祭，謚曰莊。命有司營葬。王性敏好學，小心敬慎，始終如一。

《明英宗实录》卷五八

○二五○　正统四年八月　盘移天财等库库藏

《图书集成·考工典》卷六八

英宗實録。正德[①]三年五月，遷甲、乙、丙、丁等庫於内府。四年八月以新造天財甲、乙、丙、丁等庫成，欲盤移庫藏，命魏國公徐顯宗、行在戸部右侍郎吳璽總理其事。

①编者注：应为正统。

○二五一　正统四年九月初七日　改修旧礼部为厂房

《明英宗实录》卷五九

改修舊禮部為廠房，以館外夷使臣。

○二五二　正统四年九月十三日　修北京孔子庙

《明英宗实录》卷五九

戊午，修北京孔子廟。

○二五三　正统四年九月十六日　给修通济河军夫口粮

給修通濟河

并固安隄軍夫口糧人二斗。

《明英宗实录》卷五九

○二五四　正统四年九月十六日　宥行在工部官员禁地取土之罪

宥行在工部左侍郎李庸

罪。時西山及蘆溝河以東有鑿山伐石之禁，蓋慮傷泄風水。庸造蘆溝橋、固安隄，欲取土於所禁之地。都御史陳智等按舉其違制罪。上特宥之。

《明英宗实录》卷五九

○二五五　正统四年九月二十四日　命修南京外城

己巳，命修南京馴象等十八門外城，以夏秋久雨浸頹故也。

《明英宗实录》卷五九

○二五六　正统四年九月二十八日　修天地坛及金水桥河岸

癸酉，修天地壇齋宫、殿宇及金水河岸。

《明英宗实录》卷五九

○二五七　正统四年十月初二日　工部官员逼取县民白金

丁丑，工部右侍郎李庸奉命修通濟河并固安等隄，逼取平谷等縣民白金。事覺，逮下錦衣衛獄鞫之，皆實。上特宥庸，但罪其同行官吏分賍者。

《明英宗实录》卷六〇

○二五八　正统四年十月初三日　俟丰年修西渎及西海神庙

行在工部奏，山西蒲州西瀆大河及西海神在祭義所應祀者。廟貌朽敝，請令有司修治。上以山西民饑，俟豐年為之。

《明英宗实录》卷六〇

〇二五九　正统四年十月初七日　修顺天府大兴县平津闸

順天府大興縣請修平津閘，河間府青縣請築衛河隄岸。俱從之。

《明英宗实录》卷六〇

〇二六〇　正统四年十月十二日　造浑天等仪

丁亥，造渾天儀、璇璣玉衡、簡儀。

《明英宗实录》卷六〇，并见《日下旧闻考》卷四六

〇二六一　正统四年十月二十九日　书谕宁化王请自造房

甲辰，寧化王濟煥奏，臣子美垎、美坊、美埇等俱及婚期，無房屋居住。先蒙詔擇官房可居者賜臣，而有司以無對。今臣府外有隙地，可架屋數楹，乞為修造。上以書諭之曰，比聞山西田禾數被災傷，且遠運邊儲，百姓窘甚，良可憐憫。隙地造房重困民力，請姑自為之。倘諸子婚期迫近，暫于府中成禮可也。

《明英宗实录》卷六〇

〇二六二 正统四年十一月十四日 增大木厂军夫口粮

《明英宗实录》卷六一

增朝阳门外大木厂军夫口粮。先是直隶蓟州诸卫并顺天府所属州县军夫在厂供役守木，自永乐中以来，每名月支口粮四斗，后例减一斗。至是军夫告食用不敷，乞仍旧关给。行在户部以闻，故有是命。

〇二六三 正统四年十一月二十八日 除越靖王坟园占民田税粮

《明英宗实录》卷六一

壬申，顺天府奏，越靖王坟园用宛平县民田三顷九十九亩。请除其税粮。从之。

○二六四　正统四年十一月　造浑天等仪与功德寺

《罪惟录》志卷二八

十一月，造渾天璿璣玉衡簡儀功德寺，設後宮佛像莊嚴，金碧最麗。張太后常幸此三宿，命中書舍人寫金字藏經，置東西房。

○二六五　正统四年十二月初一日　始修建乾清宫

《明英宗实录》卷六二

正統四年十二月乙亥朔。修建乾清宮，以是日經始。遣少保兼工部尚書吳中祭司工之神。

○二六六　正统四年十二月初一日　修乾清宫

朱国祯《大政记》卷一三，并见《国榷》卷二四

十二月乙亥朔，修乾清宮。

〇二六七　正统四年十二月初一日　修北京行太仆寺　《明英宗实录》卷六二

修北京行太僕寺。

〇二六八　正统四年十二月初五日　书谕乐平王不敢改易封土　《明英宗实录》卷六二

己卯，樂平王冲炵奏，臣隨兄韓王寓居平涼。邊地苦寒，柔弱之質，遭之成疾。雖蒙皇上每念親親，賜之藥餌，然略見平復，遇寒輒發。惟皇上憐憫，乞移温煖之地，使之暫延殘喘，用終餘年。上以書諭之曰，封土祖宗所制，豈敢改易。況平涼未必甚寒，惟安心調攝可也。叔祖亮之。

〇二六九　正统四年十二月二十日　修理皇陵孝陵完　《明英宗实录》卷六二

甲午，以修
理　皇陵、　孝陵完，遣駙馬都尉趙輝告　仁祖淳皇帝、淳
皇后。中都留守司正留守蕭讓祭后土之神。駙馬都尉沐昕告
太祖高皇帝、高皇后。襄城伯李隆祭后土及鍾山之神。

〇二七〇　正统四年十二月二十二日　以武冈州州治赐岷王楩　《明英宗实录》卷六二

丙申，以湖廣武岡州州治賜岷王楩。時王奏其府第窄隘不
堪居住，而州治適與府隣，故賜與之。

〇二七一　正统四年十二月二十四日　工部官员坐修孝陵纵工不敬罪　《明英宗实录》卷六二

宥工部右侍郎張順罪，降用之。初，順坐修孝陵明樓縱工不敬罪，下行在刑部獄。至是，其子仁訴順獄中得疾，乞放出治療。事下行在刑部覆奏。上宥其罪，令行在吏部①降除外任。

①令行在吏部　廣本抱本令作命。

〇二七二　正统四年十二月　修乾清宫　《明书》卷八

十二月，修乾清宫。

〇二七三　正统四年　北京九门成

《东里集》续集卷二三，并见《明经世文编》卷一六，《春明梦余录》卷三

都城覽勝詩後

正統四年重作北京城之九門成。崇臺傑宇，巋巍弘壯。環城之池既浚既築，隄堅水深，澄潔如鏡，煥然一新，耆耄聚觀，忻悅嗟嘆，以為前所未有。蓋京都之偉觀，萬年

之盛致也。於是少師建安楊公、少保南郡楊公偕學士諸公，以暇日登正陽門之樓而縱覽焉。高山長川之環固，平原廣甸之衍迤，泰壇清廟之崇嚴，宮闕樓觀之壯麗，官府居民之鱗次，廛市衢道之棋布，朝覲會同之麇至，車騎往來之坌集，粲然明雲霞，滃然含烟霧，四顧畢得之，而胸次軒豁，趣與景會，樂哉乎遊也。南郡公有詩，諸公皆倚和之，綴輯成卷。是時僕以賜告南歸，不及與

遊，既獲覩群什而歆豔焉。皆所謂登高能賦之大夫者也。諷詠之餘，因嘅嘆，凡事之成各有其時。太宗皇帝肇建北京，既作郊廟宮殿，將及城池，會有事未暇及也。已而國家屢有事，久未暇及。皇上嗣大位之五年，仁恩覃霈，海宇乂寧，始及於斯，而不日成之，豈非得其時者乎。夫得其時，而不得其人猶未也。蓋嘗聞之，命之初下，工部侍郎蔡信颺言於衆曰，役大非徵十八萬民不可，材木諸費稱是。上遂命太監阮安董其役，取京師聚操之卒萬餘，停操而用之，厚其既廩，均其勞逸，材木諸費一出公府之所有，有司不預，百姓不知，而歲中告成。蓋一出安之忠於奉公，勤於恤下，且善為畫也。謂事之成非由於人乎。嗟夫，一事之成，猶必得人，則於為國家天下之重且大，不可推見乎。

〇二七四　正统四年　作北京城楼

《病逸漫记》

正統四年，作北京城樓。

〇二七五　正统四年　敕重修颜子庙

乾隆朝《曲阜县志》卷二八

勅重修顔子廟。

〇二七六　正统四年　增设府军左等三卫仓

《春明梦余录》卷三七

四年，增設府庫、左右金吾、前三衞倉。[①]

① 编者注：府库，实录作府军。另，全文标点误。

○二七七 正统四年 周宪王薨葬祥符

万历朝《开封府志》卷六

憲王，諱有燉，

定王第一子。性警拔，嗜學不倦。建文時，爲世子，父

定王被鞫，世子不忍非辜，乃自誣伏，故 定王得

末減，遷雲南蒙化，而留王京師。已復安置臨安。

及復國，

文皇爲純孝歌以旌之。

章皇故與 王同舍而學，極蒙知眷。至是，恩禮視諸

王有加。顧不以貴寵廢學，進退周旋，雅有儒者氣象。日與劉淳、鄭義諸詞臣剖析經義，多發前賢所未發。復喜吟咏，工法書，兼精繪事，詞曲種種皆臻妙品。人得片紙隻削，至今珍藏之。正統四年薨，葬祥符城南之聚林莊。

〇二七八　正统四年　改建法海寺

《明一统志》卷一

法海寺在府[1]西四十里，舊名龍泉寺，正統四年改建。

① 编者注：顺天府。

〇二七九　正统四年　改建法海寺

康熙朝《清一统志》卷五

法海寺在宛平縣西四十里。舊名龍泉寺。明正統四年改建。

○二八○　正统四年　创建法海禅寺

【增】承恩寺南有法海寺。五城寺院册

〔臣等謹按〕法海寺明碑三：一吏部尚書泰和王直撰；一禮部尚書胡濙撰，皆正統八年立。一爲重修記，禮部右侍郎廣陽劉機撰，正德十年立。佛幢二。左幢刻佛頂尊勝陀羅尼呪序，略云：明金臺大夫李福善洎衆信官等同發誠心，於正統四年夾鍾閏月下弦良日，鳩資創建法海禪寺，命工鐫立佛頂尊勝陀羅尼幢一座，上載尊勝真言，塔一座，正統四年立。右幢刻佛號及三寶施食文序，略云：三寶弟子大夫李福善洎衆信官等同發誠心命工鐫立三寶施食幢一座，正統六年立。

【增】劉機重修法海禪寺記畧　都城之西，餘四十里，有山名翠微，左岡右泉，曲迴旁峙，雲烟飛動，如護如翼，山之陽土脈豐腴，草木叢茂。正統己未間，創梵宇於上，英廟錫名法海。今經六十九寒暑矣。榱桷攲傾，門徑蕭索，齋魚不聞，經函塵合。時朝廷方遍訪名刹，凡古井圯橋危堤墊路，發内帑修治。自弘治甲子至正德丙寅，始克告成。西有古寺，名水峪龍泉者，上漏下濕，不勝寂寥，餘工及之，亦皆焕然。

《日下旧闻考》卷一○四

○二八一　正统四年　创建金山宝藏禅寺

【補】繞功德寺後，過金山口，見一高峯，峯頂有紺殿角。急趨之，行數里，荒寂絶無僧舍，路多礫石，而所見紺殿已不可卽矣。僅見一谷口頗幽邃，騎不能上，乃下馬步，上坡三里許，稍南度大壑，又三里許，朱門焕然，上書寶藏精藍。入門又二里許，披宿莽陳根而行，上石磴爲天王殿，再百步上石磴爲寶藏殿。殿右石棧凡五轉，每轉可二丈餘，棧盡爲臺，臺有觀音殿。二十里外，所見紺殿角卽此也。寺係正統四年爲西域僧道

《日下旧闻考》卷一○○

深建，初名蒼雪庵，後勅賜今額。山行雜紀

〔臣等謹按〕寶藏寺今尚存，明碑一，在寺門外，僧道深撰，正統四年立。本朝重修碑二：一禮部主客司郎中沂水劉侃撰，康熙四十七年立；一乾隆三十一年立。

【補】山中諸泉，圓通寺門水第一，寶藏次之。山行雜紀

【增】僧道深金山寶藏禪寺記略　永樂十九年，播州宣慰使司宣慰使郡侯楊昇携予進貢，來朝北京，蒙太宗文皇帝賞賚褒重，由是得從灌頂廣善大國師智光受灌頂戒，學西天梵書字義。洪熙間，仁宗昭皇帝獎諭，特賜高僧繼從司録左闡教法主大師講華嚴圓覺楞嚴等經、大小宗乘等律、唯識百法等論。宣德初，侍大國師屢應宣宗章皇帝宣召，每與經筵，復從講經獨芳叟入室，參千百則公案。獨游大覺寺，過西湖，至金山口迷路，稍西行二里所，忽見山巒掩映，岐澗幽深，中有清泉一泓，可數掬而尤澂湛甜美。私謂此處宜插一草圑。躬自誅茅闢地，創成衡宇數楹。九年，掌御馬欽差鎮守陝西等處監督總兵官兼尚寶魯安公王貴參隨宸駕幸游西湖之明日，祭祀永清公主，就省其親昭勇將軍王公太淑人吴氏之塋，偶尋訪予。是年六月，共力開山。其山離京僅三十里，近鄰五華峯頂，遠根紫塞、太行諸山，北背居庸叠翠，前吞西湖，平挹都城，品物之盛，不可具狀。但取左近立爲八景，其第一景，泉自主山右出，引至正殿石砌方池，爲灌頂玉華池。上人高士，每得灌沐清神，名玉華灌頂。其第二景，從玉華池石槽曲尺順東引水穿廊，直至方丈之後，又砌一池，爲璧月池。池上起一善住秘密大寶樓閣，閣東十數步有大刼石，可坐一二十人，上有談經室，予與衆上人常説顯密法義於中，名曰刼石談經。其第三景，主山西阿約半里許，孤巖幽峻，縛一茅茨，予時禪隙其間，名曰孤巖入定。其第四景，正在山口兩條岐澗之上，有亭翼然，扁曰浣心亭，往來士客皆得休滌其中，名曰雙澗浣心。其第五景，南手有山數畝，向陽肥壯，草室一間，扁曰耕雲室，予嘗躬耕其上，名曰南嶺耕雲。其第六景，從璧月池决渠引水，沿山至東七十九步東山迭秀下結爲臺，水繞其臺，東聚爲池，栽千葉蓮，池右葺亭，下瞰西湖，扁曰湖山亭，刻諸翰林詩記於上。予每坐目幻漚起滅，澄默於中，名曰西湖觀水。其第七景，主山西峯有石凌霄，通州城塔八十里遠，陰晴可望，名曰凌霄望塔。其第八景，浣心亭上有山有臺，登覽四時景物之豐，與夫城闕樓臺之麗，文物衣冠之盛，名曰卽景觀城。賜名寶藏禪寺。正統四年歲在己未三月記。

〇二八二　正统四年　修隆恩寺

《帝京景物略》卷七

仰山

仰山去京八十里，從磨石口，西過隆恩寺。寺，金大定四年，秦越公主建，名昊天寺。正統四年，太監王振修，改隆恩名。寺一松一檜奇，一二三百年，雪霜所蟉結故。一大士古，唐像也。一亭竹間幽朗，竹修林矣。

○二八三　正统四年　修隆恩寺

金昊蕫寺　大定四年秦越公主建。正统四年王振脩，改隆恩寺。

《春明梦余录》卷六六，并见《天府广记》卷三八

○二八四　正统四年　敕赐广福寺额

廣福寺在張家灣。元時高麗寺舊址。明正統己未勅賜今額。本朝順治間張雲翀修。

康熙朝《通州志》卷二

○二八五　正统四年　更建广福寺赐额

通州舊志：廣福寺，本高麗寺舊址。明正統己未更建賜今額。

《图书集成·职方典》卷四九

〇二八六　**正统四年　赐清真观额**　万历朝《陕西通志》卷一七

清真觀在涼州衛南。元天曆元年建。皇明正統四年賜額。

〇二八七　**正统四年　赐名元真观**　《图书集成·职方典》卷五七七

元真觀　在城東關[①]。明洪武二十四年建，永樂十八年重修，正統四年賜名。

① 编者注：凉州卫。

正统五年

（一四四〇年二月三日至一四四一年一月二十二日）

〇二八八　正统五年正月初九日　妥处永乐间营造各厂所余木

初，永樂間營造各廠所餘木，工部委官提[①]旗校軍夫看守、苫蓋，凡四千餘人[②]。至是，軍夫悉爲該管内官役占，木植暴露至有朽者，廠地廢爲蔬圃。　上廉知之，命都察院出榜禁約，仍遣御史巡視，不許役占。其所遺田地，悉撥還順天府，給民耕種，照例起科。違者重罪不宥。

《明英宗实录》卷六三

① 委官提　廣本抱本提下有督字，是也。

② 四千餘人　廣本作四千五百九十餘人。

〇二八九　正统五年二月初七日　发工匠操军营建宫殿

以營建宫殿，發各監局及輪班匠三萬餘人，操軍三萬六千人供役。

《明英宗实录》卷六四

〇二九〇　**正统五年二月初七日　役军匠营建宫殿**　《国榷》卷二四

營建宫殿。役軍匠各三萬餘人。

〇二九一　**正统五年二月十一日　给营造官军月粮**　《明英宗实录》卷六四

給營造京軍月糧五斗，鈔四錠，鹽一斤，外衛來操者增糧一斗。

〇二九二　正统五年二月十八日　命沈清吴中提督营建宫殿

《明英宗实录》卷六四

命左都督沈清，少保兼工部尚书吴中提督官軍、匠作人等營建宫殿。諭之曰，爾等宜體朕愛養軍民之心，必加意撫邺，均其勞逸。毋凌虐，毋急迫，毋科擾。使樂於趨事，則人不怨而事宜集[1]。庶副委任之重。又戒把總管工官及工匠作頭人等，毋掊克糧賞，毋假公營私，毋受財故縱及生事害人。違者，許諸人陳愬，必罪不宥。

① 而事宜集　廣本抱本宜作易，是也。

〇二九三　正统五年二月十八日　敕沈清吴中提督营建宫殿

《国榷》卷二四

辛卯。敕左都督沈清少保兼工部尚書吴中提督軍匠營建宫殿。

〇二九四　正统五年二月二十一日　增设羽林左等四卫仓

增設行在羽林左、府軍後、虎賁左、金吾後四倉，各置官攢，仍撥軍斗各十名收糧。其倉廒以舊天財庫空房三十五連爲之。

《明英宗实录》卷六四

〇二九五　正统五年二月二十二日　南京大风雨坏北上门脊

是日夜，南京大風雨壞北上門脊[①]。破官民舟，溺死者甚衆，漂官糧三百餘石。

① 壞北上門脊　抱本上門作門上。

《明英宗实录》卷六四

〇二九六　正统五年二月二十四日　命修南京通济门外桥

命修南京通濟門外橋。

《明英宗实录》卷六四

○二九七　正统五年二月二十七日　令填补南京官民擅开池沼

《明英宗实录》卷六四

庚子，都察院右副都御史朱與言奏，南京　祖宗定鼎之地，王氣所鍾，官民人等往往擅於所居開池掘坎，走洩地脉。壅太平門等處河溝作池沼，以致潢潦瀦滀浸民居。請令填補改革，違者加罪。從之。

○二九八　正统五年二月　营建宫殿

朱国祯《大政记》卷一三

營建宮殿發班匠、操軍各三萬餘人供役。再增飯堂食米，給營造軍月糧。左都督沈清，少保工部尚書吳中提督宮殿營建事。

○二九九　正统五年二月　南京大风雨坏北上门脊

卷二下

五年二月，南京大風雨，壞北上門脊，覆官民舟。

《明史》卷二九，参见《同治上江两县志》

○三〇〇　正统五年三月初六日　建三殿二宫兴工

戊申，建　奉天、華蓋、謹身三殿，乾清、坤寧二宫。是日興工，遣駙馬都尉西寧侯宋瑛等告　天地、太廟、社稷、及司工等神。初，　太宗皇帝營建宫闕，尚多未備。三殿成而復災，以奉天門爲正朝。至是修造之，發見役工匠、操練官軍七萬人興工。其材木諸料俱舊所採辦、儲積者。故事集而民不擾。

《明英宗实录》卷六五

〇三〇一　正统五年三月初六日　始兴大工　朱国祯《大政记》卷一三

戊申，始興大工。

〇三〇二　正统五年三月初六日　作三殿二宫　《国榷》卷二四

戊申。作奉天華蓋謹身三殿。乾清坤寧二宫。其材料俱舊積。故事集而民不擾。

〇三〇三　正统五年三月初六日　建北京宫殿　《明史》卷一〇

三月戊申，建北京宫殿。

〇三〇四　正统五年三月初六日　建北京宫殿　《明会要》卷七二

正統五年三月戊申，建北京宮殿。初，永樂中，宮闕未備，奉天、華蓋、謹身三殿成而復災，以奉天門爲正朝。至是，重建三殿，並修繕乾清、坤寧二宮，役工匠官軍七萬餘人。〈巳上三編。〉

〇三〇五　正统五年三月初六日　建北京宫殿　《明通鉴》卷二二

三月戊申，建北京宮殿。初，永樂間，奉天、華蓋、謹身三殿災，稍稍修葺之。上即位，命中官阮安同都督沈清、工部尚書吳中等重建三殿。奉天門爲正朝，大事御正殿，其後爲華蓋，又其後爲謹身，皆較前壯麗。竝修繕乾清、坤甯二宮。凡役工匠官軍七萬餘人。

〇三〇六　正统五年三月十七日　敕如旧修理风雨所损各门　《明英宗实录》卷六五

勑南京守備襄城伯李隆、參贊機務兵部右侍郎徐琦，得奏言：二月二十二日①夜風雨之異，朕惕然祗慎，爾等亦宜體朕心，敬天恤人。其江上所損漕運人舟，既皆漂溺無存，即令戶部驗數除豁，不許復有科徵。各門所損垂脊、獸牌等件，②悉令所司如舊修理，不許託此以重擾人。

① 二十二日　抱本作二十五日。寶訓與館本同。

② 所損垂脊獸牌等件　廣本無垂字。

〇三〇七　正统五年三月二十八日　命增给修固安堤民夫口粮

《明英宗实录》卷六五

庚午。命增給修固安隄民夫口糧人三斗。

〇三〇八　正统五年三月　建北京宫殿

《通鉴纲目三编》卷九

三月，建北京宮殿。

永樂中，宮闕未備，奉天、華蓋、謹身三殿成而復災，以奉天門為正朝。至是，重建三殿，並修繕乾清、坤寧二宮。役工匠官軍七萬人。

質實　坤寧宮、乾清宮中則交泰殿，上則坤寧宮。

〇三〇九　正统五年四月十二日　兴工修建燕山前卫羽林前卫仓

興安伯徐亨言，邇者議改東直門內西庫為燕山前衛倉，及修葺羽林前衛倉之壞者，皆未有匠役。請令工部發匠興工。從之。

《明英宗实录》卷六六

〇三一〇　正统五年五月初二日　不免永平大长公主买木抽分

永平大長公主令家人詣蔚州買松木千餘，至盧溝橋。奏乞免抽分，上以舊制，不允。

《明英宗实录》卷六七

〇三一一　正统五年五月初三日　命秦王自造母妃坟地门楼

秦王志㙉以母妃劉氏墳地隘狹，請廣之，且求建門樓。下所司計費，言所費甚多，民間艱難，恐不能辦。西安右護衛屯軍二千七百，歲輸糧一萬六千，乞免徵遣，赴秦王府用工。上不從，命王府自造。

《明英宗实录》卷六七

〇三一二　正统五年五月十五日　庆都大长公主薨命有司营葬

慶都大長公主薨。公主仁宗昭皇帝第二女，洪熙元年冊封為慶都公主，宣德三年下嫁駙馬都尉焦敬，正統二年進封大長公主，至是薨。訃聞，上輟視朝一日，遣中官致祭，命有司營葬。

《明英宗实录》卷六七

〇三一三　正统五年六月二十四日　修筑南京河堤

《明英宗实录》卷六八

南京守備襄城伯李隆奏，積雨壞南京中新河、上新河隄，并濟川衛新江口防水隄，請俟水退，量撥丁夫修築。從之。

〇三一四　正统五年六月二十五日　计议疏浚北京沟渠

《明英宗实录》卷六八，参见《天府广记》卷四

行在翰林院侍講劉球奏，天雨連綿，宣武街西河決漫流，與街東河會合。二水泛溢，渰没民居。請修築以消其患。仍會官計議，于城外宣武橋西等處量作減水河，以洩城中諸水，使毋壅滯。命行在工部右侍郎邵旻，會同太子太保成國公朱勇勘視。旻等報球言實，具修築事宜以聞。上從之。仍命欽天監正皇甫仲和等審視，作減水河利否。仲和言，宣武門西舊有涼水河，其東城河南岸亦有舊溝，皆可疏通以泄水勢。不利新作。上復是其言。

〇三一五　正统五年六月二十六日　宁化王父子先支岁禄自盖房屋

丙申，寧化王濟煥奏，臣諸子婚配難以同居，奉旨聽臣自蓋房屋，所買木石磚瓦諸物皆用臣及諸子歲祿，今已空乏。乞將諸子美壤等該支本色米麥五百石内，每人先支一百石，以濟急用。從之。

《明英宗实录》卷六八

〇三一六　正统五年六月二十六日　填筑大明门以西坑堑

行在工部言，大明門以西地勢卑下，雨潦所集，以是民皆徙居，留者無幾。近日取土者又相尋不絕，遂成坑塹，其留者亦不能安。且今將徙置兵部衙門，宜預填築，以俟興役。從之。

《明英宗实录》卷六八

〇三一七　正统五年六月二十九日　咸宁大长公主薨命有司营葬

《明英宗实录》卷六八

咸寧大長公主薨。公主 太宗文皇帝第四女，母 仁孝文皇后，洪武十八年生，永樂九年冊封咸寧公主，下嫁駙馬都尉西寧侯宋瑛。二十二年進封長公主，正統二年加封大長公主。至是薨，享年五十有六。訃聞，上輟視朝一日，遣中官致祭。命有司營葬。

〇三一八　正统五年七月初二日　中都大龙兴寺火

《明英宗实录》卷六九，并见《国榷》卷二四

中都大龍興寺火。

○三一九　正统五年七月初七日　咸宁大长公主归葬原籍

丁未，駙馬都尉西寧侯宋瑛奏，咸寧大長公主臨終遺囑臣及子女等曰，不幸之後務歸葬於原籍漂水縣，俾後之子孫便於祭掃。從之。

《明英宗实录》卷六九

○三二〇　正统五年七月十一日　修南京銮驾库

辛亥，修南京鑾駕庫。

《明英宗实录》卷六九

〇三二一　正统五年七月　中都大龙兴寺火

中都大龍興寺火

朱国祯《大政记》卷一三

〇三二二　正统五年八月初三日　命邵旻董修德胜等门城垣

命侍郎邵旻董修德勝等門城垣。初，以指揮陳友督工。友坐視不加意，修輙復壞。還抵友罪，而命旻董之。

《明英宗实录》卷七〇

〇三二二三　正统五年八月初三日　邵旻修都城　《国榷》卷二四

壬申。工部右侍郎邵旻修都城。

〇三二二四　正统五年八月十八日　赐宜城王旧仓地造房　《明英宗实录》卷七〇

丁亥，宜城王貴𤊹奏，所居房屋十二間，與弟枝江王貴熠分居，臣止得六間。況年深腐朽。不堪居止。見有湘府舊子粒倉地空閑，乞賜臣造房以居①。從之

①　前四　造房以居　廣本房作屋。

○三二五　正统五年八月二十一日　书谕靖江王令省过

《明英宗实录》卷七〇

庚寅。書諭靖江王佐敬曰，

如於幼女墳前起造書堂，外築周垣十餘里[①]，建屋五十餘間。常縱妃及宮人內使四十餘人，往老山廟、全真觀、冷水清泉二寺遊玩，就墳所宿三五日方回。正統三年十二月於承運殿前作鰲山，令軍丁四十餘人作雜劇，盛集軍民入內同觀，而縱妃沈氏於廊下簾內窺視。四年二月又於宮門前作鞦韆架，令文武官之妻入內嬉戲。

①十餘里　廣本餘作五。

〇三二六 正统五年八月 观星台象仪成

《天府广记》卷二九

正统五年八月，觀星臺象儀成。御製銘曰：粤古大聖，體天施治。敬天以心，觀天以器。厥器伊何？璇璣玉衡。璣象天體，衡審天行。歷世更代，垂四千禩。沿襲者作，其制寖備。卽器而觀，六合外儀。陽經陰緯，方位可稽。中儀三辰，黄赤二道。日月暨星，運行可考。内儀四游，橫簫中貫。南北東西，低昂旋轉。簡儀之作，爰代璣衡。制約用密，疏朗而精。外有渾儀，交而觀諸。上規下矩，度數方隅。別有直表，其崇八尺。分至氣序，考景咸得。縣象在天，制氣在人。測驗推步，靡忒毫分。昔作今述，爲稱制工。既明且悉，用將無窮。惟君勤民，敬天首務。民不失寧，天其予顧。政純於仁，天道以正。勒銘斯器，以勵予敬。

〇三二七 正统五年九月初三日 御制观天之器铭

《明英宗实录》卷七一

壬寅。御製觀天之器銘曰，粤古大聖，體天施治。敬天以心，觀天以器。厥器伊何，璿璣玉衡。璣象天體，衡審天行。歷世更代，垂四千禩。①沿襲有作，其制寖備。卽器而觀，六合外儀。陽經陰緯，方位可稽。中儀三辰，黄赤二道。日月暨星，運行可考。内儀四遊，横簫中貫。南北東西，低昂旋轉。簡儀之作，爰代璣衡。制約用密，疏朗而精。外有渾儀，反而觀諸。上規下矩，度數方隅。別有直表，其崇八尺。分至氣序，考景咸得。縣象在天，制器在人。測驗推步，靡忒毫分。昔作今述，爲制彌工。既明且悉，用將無窮。惟君勤民，事天首務。民不失寧，天其予顧。政純於仁，天道以正。勤銘斯器，以勵予敬。

① 垂四千禩　寶訓禩作祀。

〇三二八　正统五年九月初五日　修正阳崇文二门城垣　《明英宗实录》卷七一

修正陽、崇文二門城垣。

○三二九　正统五年九月十三日　放免老疾工匠

放免老、疾工匠六十八人。

《明英宗实录》卷七一

○三三○　正统五年九月二十七日　修葺庆成王旧府

丙寅，方山王美垣奏，蒙赐叔庆成王旧府，与弟临泉王美壖分居。然其房屋多损敝。乞赐工匠、物料修葺。从之。

《明英宗实录》卷七一

〇三三一　正统五年十月初三日　书复靖江王允治坛庙宫室

《明英宗实录》卷七二

壬申，書復靖江王佐敬曰：得奏慶遠衛指揮陸忠[1]、程普相訐。皆普寔妃親，慮爲所連。今朝廷王公至明，雖細民爭訟亦不使有冤抑，况宗親乎。府中果無可言之事，人固不敢厚誣也。王宜安分省事，不必多虞。王又奏，欲令本府軍校陶於附近山場以治宗廟、社稷、山川諸壇，及所居宫室。　上允其奏，仍復書令戒勅下人，毋假此擾民，爲王清德之累。

① 陸忠　抱本忠作思。

〇三三二　正统五年十月初十日　鲁荒王妃薨命有司营葬

《明英宗实录》卷七二

己卯，魯荒王妃戈氏薨。妃以洪武二十三年册封，至是薨。訃聞，　上輟視朝一日，遣中官賜祭，命有司營葬。

○三三三　正统五年十月二十日　以守仓旗军等修理淮安长盈仓

己丑

直隸淮安衛奏，本衛分遣軍餘修理淮安府長盈倉，皆運糧退出老弱者，比因貧窘多致逃竄。而守倉旗軍三百餘人，皆本衛帶管食糧，餘無差役，況皆精壯豈足。欲將各軍不妨守護，凡遇倉廒損壞，相兼斗級修理，庶不誤事。從之。

《明英宗实录》卷七二

○三三四　正统五年十一月十七日　运奉天殿栋梁至

丙辰，以運奉天殿棟梁至，遣成國公朱勇、禮部尚書胡濙、工部尚書吳中祭司工并正陽午門之神。

《明英宗实录》卷七三

○三三五　正统五年十一月二十一日　征南京军民工匠赴役北京

庚申，以營建宮殿，勅守備南京襄城伯李隆等徵軍民、工匠二百餘人赴役北京。

《明英宗实录》卷七三

○三三六　正统五年十一月二十七日　书复襄王已令雇用人匠

丙寅，復書襄王瞻墡曰，承喻。府中雇倩人匠，所司不肯奉行，欲摘襄陽衛軍匠四十三名，補本府軍校應用。第今軍伍已定，重以邊務操備不敷。府中人匠已令工部行襄陽府衛雇用。專此報知。

《明英宗实录》卷七三

○三三七　正统五年十二月初二日　定名卢沟河、通济河之神

行在工部左侍郎

李庸言，國安堤、通濟河皆已建祠設像，而祀典未秩，稱謂無名。請令禮官定議封號，太常歲修時祀。事下行在禮部議。尚書胡濙等言，洪武中以獄鎮海瀆①封爵不經，止稱爲其嶽某瀆之神，一洗相沿之陋。今國安、通濟無緣復襲謬典。至欲秩祀太常，則永樂中開濟濟寧通漕，爲萬世利，其祠廟尚未有常祀。今崇報之典不應有加於彼。請但於朔望令耆老土人供奉香火，其國安堤稱爲盧溝河之神，通濟河稱爲通濟河之神，於禮爲當。從之。

①獄鎮海瀆　廣本抱本獄作嶽，是也。

《明英宗实录》卷七四

○三三八　正统五年十二月初八日　修南京钟鼓楼

修

南京鐘鼓樓。

《明英宗实录》卷七四

〇三三九　正统五年十二月二十二日　韩王薨命有司营葬地

韓王沖𡎺薨。王，韓憲王長子，母妃馮氏，洪武三十年生，永樂二年冊為韓世子，九年襲封韓王之國平涼。至是薨，享年四十有五。訃聞，　上輟視朝三日，遣官賜祭曰王孝友恭儉，樂善循理，著聞中外，謚曰恭。命有司營葬地。

《明英宗实录》卷七四

〇三四〇　正统五年十二月二十七日　械送逋逃工匠问罪

行在工部奏，今成造宮殿，而各處工匠侍頑逋逃，屢催不至，皆有司怠慢之故。請移文各處械送問罪。有司敢仍前怠慢者，一體懲治不宥。從之。

《明英宗实录》卷七四

〇三四一　正统五年　修京城

是年。修京城。工部侍郎蔡信議役十八萬人。上命太監阮安役營卒萬人。均勞加廪。即歲而竣。

《国榷》卷二四

○三四二　正统五年　西镇吴山庙灾

西镇吴山廟　在州①南七十里。自唐宋及金元各有修建。明洪武十二年勅修，遣官頒賜金香盒一座，硃明一斤一兩，有司祭服二副。永樂二年勅修。正統五年災，知州張幹重建。後列聖登極，皆遣重官致祭。

《图书集成·职方典》卷五二五

① 编者注：凤翔府陇州。

○三四三　正统五年　重修广通寺

廣通寺　在府①西北二十里，舊名法王寺。正統五年重修。

《明一统志》卷一

① 编者注：顺天府。

○三四四　正统五年　重修大兴隆寺

正統五年，度僧道二萬餘人。未幾重修大興隆寺，延崇國寺僧主之。帝親傳法稱弟子。公侯以下，趨走如行童焉。

《明会要》卷三九

○三四五　正统五年　赐朝真观额

朝真觀在閶門外義慈巷，宋景定中道士沈道祥建。元季燬。本朝宣德三年，法師吳允中重建。正統五年，其徒徐洞輝奏　賜今額。

崇祯朝《吴县志》卷二七

〇三四六　正统五年　赐朝真观额

《图书集成·职方典》卷六七八

朝真觀　在府[①]城閶門外義慈巷。宋景定中道士沈道祥建。元季燬。明宣德三年住持皃允中重建。正統五年其徒徐洞輝奏賜今額。萬曆四十一年住持馬契眞重修。

① 编者注：苏州府。

正统六年

（一四四一年一月二十三日至一四四二年二月十日）

〇三四七　正统六年正月初八日　三殿立木

《明英宗实录》卷七五

以三殿立木，遣官祀司工之神。

〇三四八　正统六年正月二十四日　梁王薨命有司治丧葬

《明英宗实录》卷七五

梁王瞻垍薨。王仁宗昭皇帝第九子，母贵妃郭氏，永乐九年生，二十二年册封。至是薨，年三十。讣闻，上辍视朝三日，遣官致祭。王资度英伟，好学不倦，谥曰庄。命有司治丧葬。

〇三四九　正统六年二月初七日　令泾州道正司自葺王母宫

陕西泾州道正司奏，本司在王母宫，其殿閤廊宇旧尝蒙恩缮理，今复倾颓。乞仍命有司修缮。上曰：陕西兵民艰难已甚，岂可作无益之势，其自葺之。

《明英宗实录》卷七六

〇三五〇　正统六年二月初十日　浚京师西南河

浚京城西南河。

《明英宗实录》卷七六

○三五一 正统六年三月初八日 修凤阳府临淮县红心大石桥

乙巳，直隸鳳陽府臨淮縣請修紅心大石橋，以便兩京驛傳往來。從之。

《明英宗实录》卷七七

○三五二 正统六年三月十七日 新建三殿上梁

甲寅，新建三殿以是日巳時上梁，遣禮部尚書胡濙祭告司工之神。

《明英宗实录》卷七七

○三五三 正统六年三月二十日 司设监外厂火

宥司設監太監吳亮罪。錦衣衛奏，①內使范好、火者來福同管本監外廠，私以廠內閑地②役人匠五十餘人，與太監吳亮等種菜。縱容人匠置飲食之具，以致火延厰房内竹木、白藤、車輛等料一百五十餘爲盡焚之。把總内官福安等不行嚴督，亮等托言厰房自火，俱當劾罪。上命司禮監記亮死狀省之，福安、范好等并匠人錦衣衛杖之，令償官物。

① 錦衣衛奉　廣本抱本奉作奏，是也。

② 私以廠內閒地　抱本廠內作內廠。

○三五四　正统六年三月二十三日　修建西镇吴山神庙　《明英宗实录》卷七七

鎮守陝西都督同知鄭銘等請修建西鎮吳山神廟。上從其請。仍戒所司毋過費，毋重勞民，毋貪酷取罪。

〇三五五　正统六年三月二十六日　南京大风折孝陵树　《明英宗实录》卷七七

是日，南京大風折孝陵樹三百餘株，壞官民舟，溺死者五十餘人。

〇三五六　正统六年三月二十六日　南京大风折孝陵树　《国榷》卷二五

南京大風。折孝陵樹。覆溺五十餘人。

〇三五七　正统六年三月二十七日　究治于天地坛禁地掘土人犯　《明英宗实录》卷七七

監察御史章珪等下獄。初，有旨做工犯人起土填街，申丙等①二十七人因便掘土於天地壇禁地，行在刑部以珪等係巡視等官，俱合究治。上命如律罪之，仍枷號丙等於掘土之處。

① 申丙等　廣本抱本丙下有亨字，是也。

〇三五八　正统六年四月初三日　禁私创寺观

《明英宗实录》卷七八

禁僧道傷敗風化及私創寺觀。先是巡按直隸監察御史彭勗①言，天地闢而人生，靡知其幾何時矣。而八道之立則肇於三皇，至堯、舜、禹、湯、文、武而後大備。自時厥後，膺天眷而居皇極者，莫不咸有是責。而多不能全是道者由異端撓之也。古聖人所以立人道者，其教有四，曰士，曰農，曰工，曰商，相資以生，無有偏廢。其為人也固易，而居皇極者亦易。秦漢以來，異端並起，或撓於申韓，或撓於釋老。為居者每被其欺，為人者恒苦其費。故上下俱難為矣。我 太祖高皇帝肇位四海，申明五常，制為條章律令以示人，慮釋老之或盛，乃歸併寺觀為叢林，不許私創庵院，私自剃度。慮人心之或流，乃禁褻瀆神明，不許修齋設醮，男女混雜。其立人道之心②勤且周矣。夫何近年以來，民無儋石之儲③，亦或修齋設醮，富者尤爭事焉。以致釋道日興，民貧愈甚。夫人之為惡，明有天討，幽有鬼責，今曰皆因齋醮而消滅，豈理也哉。且修齋起於梁武，設醮起於林靈素，固非盛世可傳之典。而至于今不絶愈盛，詎非惑耶。孔子曰，攻乎異端，斯害也已。今寺宇遍天下，以僧人之情言之，幼時慾心未動，被僧誑誘。及年長慾動，歸俗，則安逸難捨。住寺則慾心難忘，不免通於所觀所交之婦。其傷風俗，為人害一也。為僧者惟以穹殿宇，飾佛像為功業④，故恒設巧計進諛言，以求婦豪官富民之施予，極其侈靡，心猶未足。彼豪官富民亦必攘奪剝割，而後有此。其費錢財，為人害二也。其屋室深邃，地勢幽僻，罪惡渠魁多匿於中。身雖出家，心實觀釁，一有可乘即皆蝟起。其容姦慝，為人害三也。撫此三害觀之，豈非蘇子所謂非異端之能亂天下，而天下之亂所由出也歟。今朝廷清明，天下無事，申韓之禍已熄，獨釋道之害方横。如兩京僧寺其中所費不計，況天下僧寺之多乎。乞敕大臣會議行移天下，凡僧尼未度者，悉令歸俗。民間男婦無子，年近五十以上，願出家者許其落髮入寺為僧為尼，隨例給度。其寺庵原係叢林有佛像者，許其修整，非叢林者不許創立。容留之人務要置立板牌，掛於山門。備寫籍貫年甲，使人周知。仍行都察院備榜禁約，不許官民之家修齋設醮求福利，以崇不經之典。如此則風俗自淳，治化興行，為千萬世之盛美矣。 上令禮部都察院考舊禁例以聞。禮部尚書胡濙，都察院右都御史陳智等，具録 太祖高皇帝洪武間禁約條例入奏。 上覽之諭濙等曰，釋老俱以清淨為教，近年僧道中多有壞亂心術，不務祖風，混同世俗，傷敗風化者。爾都察院即遵洪武舊例，再出榜各處。禁約違者，依例罪之不恕。新創寺觀曾有賜額者，聽其居住。今後再不許私自創建。

① 彭勗　抱本勗誤最。

② 其立人道之心　抱本立作正。

③ 民無儋石之儲　抱本儋作擔，儋擔通用。

④ 惟以穹殿宇餙佛像爲功業　抱本穹作祟。舊校改餙作飾。

○三五九　正统六年四月初九日　火毁前军都督府治　《明英宗实录》卷七八

行在刑部尚書魏源等劾奏，前軍左都督馮斌不行嚴飭巡風人員，致火延燬府治，及業牘諸物。請正其罪。上特宥之。

〇三六〇　正统六年四月初十日　书复宣宁王原拨军悉还代府

書復宣寧王遜炓曰，得奏，欲仍留原撥代府軍使用。今世孫奏此軍係代府隨侍之數。代府之軍事故已多，兼世孫、將軍、郡主數處皆乏人用。叔祖既得校尉二十名，足備使令。其原撥軍宜悉還代府。況曾叔祖在府，其墻垣、廊房損壞，急缺人修理。為子之道，當致隆於父，不可只取自便也。仍貽書代世孫仕壥知之。

《明英宗实录》卷七八

〇三六一　正统六年五月初二日　移置监生厨房

給事中張佑言，南京後湖庫收貯天下圖冊，今與監生厨房相連，所供飲食浩大，日夕炊爨不絕，恐風火未便。請於湖中小渚上置厨房，以舟來往，庶可無患。從之。

《明英宗实录》卷七九

〇三六二　正统六年五月初七日　开设京卫武学

《明英宗实录》卷七九

開設京衛武學，除教授一員，訓導六員。先是太子太保成國公朱勇等奏准，選驍勇都指揮等官紀廣等五十一員，熟閑騎射幼官趙廣等一百員。至是，上命置學授官以訓誨之。

〇三六三　正统六年五月十五日　修兖国复圣公庙完建碑纪事

《明英宗实录》卷七九

修兗國復聖公廟完。五十九代孫顏希仁請建碑以紀其事。從之。

〇三六四　正统六年五月十五日　修兖国复圣公庙　《国榷》卷二五

修兖國復聖公廟。

〇三六五　正统六年五月十七日　命造宣武门东等桥堤　《明英宗实录》卷七九

命造宣武門東城河南岸橋，修江米巷玉河橋及隄。

〇三六六　正统六年五月二十日　营建宫殿毕工遣回南京工匠　《明英宗实录》卷七九

初，以營建宮殿取南京工匠。至是畢工，遣回。詔每人賞鈔五錠，給以便船。

○三六七　正统六年六月初四日　修社稷坛宇厨库　《明英宗实录》卷八〇

己巳，以修社稷坛宇厨库，遣官祭社稷之神。

○三六八　正统六年六月初十日　诏修理南京太庙社稷坛　《明英宗实录》卷八〇

乙亥，南京太庙社稷坛殿宇梁柱多有朽腐者，诏太监刘宁等修理，遣驸马都尉沐昕祭告。

○三六九　正统六年六月初十日　修南京太庙社稷坛殿　《国榷》卷二五

乙亥。修南京太廟社稷壇殿。

○三七○　正统六年六月二十五日　令脱逃匠刑具

《明英宗实录》卷八○

特

取到逃匠皆帶刑具罰工，上以天氣酷熱，令有司脫去之。

○三七一　正统六年六月二十七日　晋王薨命有司治丧葬

《明英宗实录》卷八○

壬辰，晋王美圭薨。王晋定王長子，母妃傅氏，洪武三十二年生，永樂三年封爲晋世子。二十一年封平陽王，宣德十年襲封晋王。至是薨，年四十三。訃聞，上輟視朝三日，遣官賜祭。王和厚易直，恭事朝廷久而愈篤。謚曰憲，命有司治喪葬。

〇三七二　正统六年六月　奉旨移贮文渊阁藏书

原　正統六年六月，少師兵部尚書兼華蓋殿大學士楊士奇、行在翰林院侍講學士馬愉、侍講曹鼐上言：文淵閣見貯書籍有祖宗御製文集及古今經史子集之書，自永樂十九年南京取來，向於左順門北廊收貯，未有完整書目。近奉旨移貯於文淵閣東閣，臣等逐一點勘，編置字號，輯成文淵閣書目，請用廣運之寶鈐識，仍藏於文淵閣，永遠備照，庶無遺失。奉旨：是。次日於左順門用寶訖。文淵閣書目

《日下旧闻考》卷六二

〇三七三　正统六年七月　赤城静宁寺落成

静寧寺記

京師之北幾數百里有地曰赤城者，朝廷屯兵以守邊之處也。士可耕，足以省轉餉之勞。兵可用，足以免調發之役。使為將者日以懷近威遠為務，訓練士卒，謹飭烽堠，雖有不虞之虞，不足以為患矣，況乎　聖明天子在上，威德所被，無遠弗屆，四方萬國奉琛納貢，不遠萬里以效順于　廷者，無虛日也。其為静寧，奚止於一方

《芳洲文集》卷六

一隅而已哉。兹城守將都督楊公嘗作靜寧寺於城中，以為祝　國保邊之所。寺成，請名於　朝，勑賜曰靜寧寺。蓋經始於正統五年八月，而落成於六年七月。材致於已所積之資，而人不知。工傭於人所售之力而已，不貸寺成之日，棲佛有殿，居僧有舍，士卒有所恃以不懼於用武，邊境有所依以不廢於祝　國。雖然，其肇蓋有由焉。古者聖人以神道設教，故民宜之。今士卒於用武所恃，不能外於佛者，以其知向佛之真，足以為其福也。因其素有向佛之心，而順導之，其心既得，其力有不從而奮發於所向哉。此都督楊公所以惓惓於寺之創造，以順其下之至願歟。創寺之成，雖出楊公，而創意則前總副兵都督方政諸公也。諸公創意，楊公創成，其為國家兵民之心一而已矣。楊公果敢有為之人，誠盡此心以報效於將來，忠於　朝廷，仁於兵民，則其榮名偉績不獨與寺同其久永，而輝光於竹帛，殆有未可量者。楊公具石請記其事，寺成之月日，益久不惓，故不辭而書之。

○三七四　正统六年八月十三日　宁波知府郑恪言正名京师　《明英宗实录》卷八二，参见《图书集成·职方典》卷七，《日下旧闻考》卷四

浙江寧波府知府鄭恪言，國家肇建兩京，合於古制。自　太宗皇帝鼎定北京以來，　四聖相承，正南面而朝萬方四十年于茲矣。而諸司文移印章乃尚仍行在之稱，名實未當。請正名京師。其南京諸司宜改曰南京某府某部，於理為得。禮部尚書胡濙言，行在　太宗皇帝所定，不可輒有變更。事遂寢。

○三七五　正统六年八月十三日　命休息在京工匠一月　《明英宗实录》卷八二

命休息在京工匠一月。

〇三七六　正统六年八月二十七日　修上林苑监

《明英宗实录》卷八二

修上林苑监。

〇三七七　正统六年九月初一日　三殿二宫成

《明英宗实录》卷八三

正统六年九月甲午朔，奉天、华盖、谨身三殿，乾清、坤宁二宫成。遣官告天地、太庙、社稷、山川、岳镇海渎诸神。

〇三七八　正统六年九月初一日　三殿两宫成

朱国祯《大政记》卷一三

三殿两宫成。

○三七九　**正统六年九月初一日　三殿二宫成**

九月钾朔。奉天、華蓋、謹身三殿，乾清、坤寧二宫成。

《国榷》卷二五

○三八○　**正统六年九月二十三日　命于玉河西堤建房以馆使臣**

丙辰，命於玉河西隄建房一百五十間，以館迤北使臣。

《明英宗实录》卷八三

○三八一　**正统六年九月　建三殿两宫工成**

正統五年三月，建三殿兩宫，六年九月工成。

《春明梦余录》卷六三

〇三八二　**正统六年九月　三殿两宫成**

九月·三殿兩宫成。

《明书》卷八

〇三八三　**正统六年九月　三殿二宫成**

秋九月奉天、華蓋、謹身三殿，乾清、坤寧二宫成。

永樂中宫闕未備，三殿成而復災，以奉天門為正朝。至是宫殿成，宴百官。故事，中官不與外廷宴，是日帝遣使問王先生何為。王先生謂王振也。帝在宫中呼振先生而不名。使至，振方大怒曰，周公輔成王，我獨不可一坐邪。使復命，帝戚然，命開東華中門召振至，百官候拜門外，振始悦。

《历代通鉴辑览》卷一〇三

〇三八四　**正统六年九月　三殿二宫成**

九月奉天、華蓋、謹身三殿，乾清、坤寧二宫成。

《通鉴纲目三编》卷九，参见《明通鉴》卷二三

〇三八五　正统六年十月十四日　整饬各处仓房

《明英宗实录》卷八四

丁丑

行在户部員外郎髙信言，設倉貯糧，所以為邊備。洪武、永樂間各處倉皆甚固。近年所貯糧或放支盡或轉輸他處，其空倉多損敝。所司不即修葺，至有折毁侵欺者。臣嘗使過河西務、密雲縣等處，見有倉摧頹已甚①，更俟數年應為荆棘之場②，後欲貯糧必至新作，豈不勞民傷財。乞勑該部移文天下諸司及所屬府衛，凡新舊倉俱造册，録其間架數目在官，一有損壞隨即修理，庶糧無他虞，民無廢力。事行在工部③議，請如信言，其空倉原非貯糧者宜毁之，以備修建，毋以不急勞民。從之。

①見有倉摧頹已甚　廣本抱本有作共。
②應爲荆棘之場　抱本應作必，是也。
③事行在工部　廣本抱本事下有下字，是也。

〇三八六　正统六年十月十五日　灵丘王回平阳居住

《明英宗实录》卷八四

戊寅，晉府靈丘王遜烇奏，幼隨父晉定王居平陽府，後隨長兄晉王居太原府。今兄薨，與姪榆社王同居不便，欲仍回平陽祭掃定王墳，隨二兄交城王居住。上從其請，命工部行平陽府衛，選空閑房屋堪處者以聞。

〇三八七　正统六年十月二十日　修筑南京江岸

《明英宗实录》卷八四

先是，南京江岸累決，已命工部侍郎吳政等修築。政等言水深未便工力，請於農隙時疏江中沙洲，以殺水勢，然後用工。至是復以興役請。上命守備豐城侯李賢、太監劉寧同政提督，仍戒其務恤軍民，毋容侵擾。

〇三八八　正统六年十月二十二日　宣谕内官内使谨慎爱护宫殿

乙酉，宣諭内官内使曰：今大内宫殿、門廡，一切新成。爾等凡供事出入，務要遵守禮法，謹慎愛護，不許磨擦點涴①。敢有違者，許該管之人指實陳奏，治罪不宥。既而宣諭六尚等女官宮、八亦如之。

《明英宗实录》卷八四

① 不許磨擦點涴　廣本涴誤浣。

〇三八九　正统六年十月二十六日　三殿二宫成升赏赐官员

己丑，以三殿二宫成，賜太監阮安、僧保各金五十兩，銀一百兩，紵絲八表裏，鈔一萬貫。都督同知沈清陞修武伯，食禄一千石，予孫世襲。少保工部尚書吴中陞少師，尚書如故，各賜紵絲五表裏，鈔五千貫。太僕寺少卿馮春、楊青，俱陞工部左侍郎，各賜紵絲二表裏，鈔二千貫。所

《明英宗实录》卷八四

正、工作八等，各賞絹鈔有差。○陞寬河衛帶俸都指揮僉事劉端，府軍前衛帶俸署都指揮僉事宗勝，武成後衛帶俸署都指揮僉事劉聚，燕山右衛帶俸署都指揮僉事董興，俱為都指揮同知。○行在金吾右衛指揮使郭懋為都指揮僉事。○行在羽林前衛指揮同知姜文、燕山前衛指揮同知鄧能，各為本衛指揮使。○行在羽林前衛指揮僉事管旺，府軍前衛指揮僉事蔣善，濟陽衛指揮僉事陳貴，各為本衛指揮同知。以監修宮殿功成故也。

○三九○　正统六年十月二十九日　上居于乾清坤宁宫

《明英宗实录》卷八四

壬辰，上將以明日御奉天殿視朝，遂居于乾清、坤寧宮，遣官祭告　天地、宗廟、社稷、山川諸神。

○三九一　**正统六年十月　三殿成**　《昭代典则》卷一五

冬十月，奉天、華盖、謹身三殿成。

○三九二　**正统六年十月　三殿二宫成**　《大政纪》卷一一

十月，修建奉天、華盖、謹身三殿，及乾清、坤寧二宫成，宴百官。

○三九三　**正统六年十月　三殿工完赏赐阮安等**　《明通纪述遗》卷五

十月，以三殿工完，賜太監阮安、僧保各黄金五十兩、白金一百兩、綵段八表裏、鈔一萬貫。定都北京。

〇三九四　正统六年十月　三殿二宫成赏赐阮安等

六年十月，三殿及乾清、坤寧二宫成。太監阮安、僧保，各賜黃金五十兩、白[illegible]百兩，綵段八表裏，[illegible]百貫。

《国朝典汇》卷一九二

〇三九五　正统六年十月　三殿工成

十月，三殿工成，宴百官。

《明史纪事本末》卷二九

〇三九六　正统六年十月　三殿二宫成

冬十月，復建奉天、華蓋、謹身三殿及乾清、坤寧二宫成。

《罪惟录》纪卷六，并见《罪惟录》志卷二八

○三九七　正统六年十一月初一日　御奉天殿大赦天下

《明英宗实录》卷八五

正統六年十一月甲午朔，上御奉天殿頒詔，大赦天下。詔曰，朕以菲德，祇膺　天命，嗣　祖宗大統，主宰天下。夙夜思念，開創惟艱，繼承匪易。誠以疆宇之廣，億兆之衆，一人失所，過實自予。肆臨御以來，志存安利，寢食弗忘。比者敬循　祖宗之舊，建奉天、華蓋、謹身三殿，乾清、坤寧二宮。禮典宜備，尚慮煩民，迺材因素有，費悉公出，人悅趨事，事告成功。已於今年十一月初一日御正朝臨群臣。惓言居正而安，宜有及民之澤。其諸事宜條示于後。

一　文武官吏、軍民人等，有見爲事做工、運炭、運米等項者，悉宥其罪。官吏復還職役，軍還原伍，匠仍當匠①，民放寧家。其風憲官貪暴不才，及文職官吏犯枉法贓罪狀著，明者雖宥其罪，仍發原籍爲民。

一

各處凡拖欠歲造紵絲羅紬綾絹，自正統元年十二月以前者，悉行蠲免。未納魚油翎鰾及歲辦年例皮翎箏毛，并未完歲辦諸色顏料等物，自正統五年十二月以前者，悉行蠲免。該納各項贓罰，并追陪虧折顏料、段匹，一應物件自正統六年十月以前者，悉行蠲免。

一各處逃軍、逃囚、逃匠，自詔書到日為始，限兩月之內赴所在官司首告，悉宥其罪，各發着役寧家。其有情犯深重，赦所不原者，亦許首實，所司為之具奏，量情寬貸。

但耕種時月，不許一應修造②妨廢農業。

各處隄防閘壩③或年久坍塌，不能蓄泄，陂塘淤塞，及舊爲豪強占據，小民不得灌溉。已令修復，或有未修復者，該管官司仍即依例整理。應修築者悉令修築，不許怠慢。敢有倚恃豪強，占據水利者，以土豪論罪。布政司、按察司官、巡按御史、巡歷提督，務見實效。若苟具文書，虚應故事，一體論罪。

一各處應祀神祇祠廟，但有損壞者，所司即於農隙之時修理，亦不許託此過用民力。

一官府一應差役，近年屢勅減省。今各衙門所用公使人等，及水馬驛站、遞運所諸色夫役，名數繁多，其實在當役者十無二三，多是該司營私作弊。今後各該上司悉從實取勘斟酌，應留者留，應減者減，不許徇私多役④，妨民生理。按察司官、巡按御史經過，並須查究，違者一體罪之。

今後但有姦邪、妖妄之徒，號稱善友、道人，假以修行、化緣爲名，妄談邪說，誘惑良善者，許諸人綁縛告官，⑤解赴京來，處以重罪。

① 匠仍當匠　抱本匠作差。

② 不許一應修造　廣本不上有官民二字，抱本有官司二字。

③ 鬧壩　影印本壩字模糊。

④ 徇私多役　影印本多字不明晰。

⑤ 許諸人綁縛告官　抱本無諸字。廣本告作解。

〇三九八　正统六年十一月初一日　二宫三殿成大赦

《明史》卷一〇

十一月甲午朔，乾清、坤寧二宫，奉天、華蓋、謹身三殿成，大赦。

〇三九九　**正统六年十一月初一日　去北京诸衙门行在字**

改給兩京文武衙門印。先是北京諸衙門皆冠以行在字，至是以宮殿成，始去之。而於南京諸衙門增南京二字，遂悉改其印。

《明英宗实录》卷八九，参见《图书集成·职方典》卷七，《日下旧闻考》卷四

〇四〇〇　**正统六年十一月初一日　定都北京**

十一月甲午朔，定都北京，去行在字。

朱国祯《大政记》卷一三

〇四〇一　**正统六年十一月初一日　定都北京**

定都北京，文武諸司不稱行在。

《明史》卷一〇

○四○二　正统六年十一月初一日　御奉天殿　《明会要》卷一二

正統六年九月，三殿成。十一月甲午朔，上御奉天殿，賜文武落成宴。（三編）

○四○三　正统六年十一月初四日　兖国复圣公庙成御制碑文　《明英宗实录》卷八五，碑文并见崇祯朝《曲阜县志》卷四，康熙朝《兖州府志》卷三二，乾隆朝《兖州府志》卷二六，乾隆朝《曲阜县志》卷二八

丁酉，兖國復聖公廟成。御製碑文曰：

朕惟聖賢之生，皆天以為世道生民計，非偶然也。雖天處之有不同，而聖賢求所以仰副天之意者，則一心也。孔子之道原於天，而承於堯舜禹湯文武周公。孔子不得位，則惓惓於推明斯道，立教垂世以副天之意。蓋周公而後必有孔子，而後皇帝王之道明，①君臣父子之位正，尊卑內外貴賤之辨著。雖斯理在人心皆固有之，然非得孔子之教，則不能以皆明明之。有淺深則其行之之效亦因之有淺深，世道所以盛衰不齊也。向微孔子

之教，斯世斯人幾何其不淪於夷狄禽獸，此孔子之道所以為天下國家者，不可一日以無也。三千之徒，孔子獨稱顏子好學，獨告以帝王為治之大法。使孔子居堯舜之位，則顏子稷契之倫。聖賢之不得位與年，皆天也。而使之得以為天地立心，為生民立命，為萬世開太平，有以仰副天之意，亦天也。君子曰，聖人之蘊微，顏子殆不可見。發聖人之蘊，教萬世無窮者，顏子也。嗟乎。孔子，其太和元氣。顏子，其四時之春乎。非春，其何以見太和之發育也。曲阜故有孔、顏廟祀。我 皇曾祖太宗文皇帝既新孔廟，而親製文書石。朕嗣統之七年，爰新顏廟，有司請文書石，并系以詩曰，巍巍宣聖，道配乾坤，化流天下，光闡人文。睿矣兗國，剛明純粹，蕩蕩聖域，深造精詣。爰初四勿，以復天理，以居廣居，進進無止。大經大本，一出于天，惟聖誠明，顏得其全。禮樂之授，王佐之期。鳴鳥不至，聖賢側微。作範立教，永淑來世[2]。報德暨功，代謹秩祀。東瞻魯邦，生之所都[3]。神靈在天，亦時來居[4]。既作新廟，爰祗祀事。翊佐皇明，千萬億歲。

① 而後皇帝王之道明　　廣本道作統。

② 永淑來世　　抱本來作斯。

③ 生之所都　　抱本生作聖，是也。

④ 亦時來居　　廣本抱本時作將。

〇四〇四　正统六年十一月初四日　复圣公庙成御制碑文刻石

朱国祯《大政记》卷一三

丁酉，復聖公廟成。御製碑文刻石。

〇四〇五　正统六年十一月初七日　为晋宪王营葬过侈

《明英宗实录》卷八五

巡撫河南、山西大理寺左少卿于謙言：近工部移文有司為晉憲王營葬，欲發軍夫四千，派買物料，太多繪飾房屋過侈。臣以山西地瘠民貧，況今年春夏旱蝗，秋月霜蚤，田禾薄收，饑窘逃移者衆。乞勅該部軍夫減半，物料但令足用，房屋可已者已之，庶工程得以蚤完，軍民免於勞擾。事下工部，請軍夫宜如議言，房屋當仍舊制。從之。

〇四〇六　正统六年十一月十三日　命修直隶等省各州县社稷等坛

《明英宗实录》卷八五

丙午，命修直隸、河南、山東等處州、縣社稷、山川壇。從巡撫光祿寺少卿王賢言，其弊壞有乖祀典也。

〇四〇七　正统六年十一月十三日　以下西洋余木修常盈仓

《明英宗实录》卷八五

福建右參政宋彰言，工部令輸運下西洋鷹架杉木等物赴京。其木多朽細不堪，而山嶺崎嶇，溪灘險阻，徒敝人力，官無實用。且見福州府常盈倉年久損敝，乞以其木留撥修倉。庶官民皆便。從之。

○四○八　正统六年十一月十五日　命修南岳庙　《明英宗实录》卷八五

戊申，命修南嶽廟。

○四○九　正统六年十一月二十二日　拨屯军与宁王府造房　《明英宗实录》卷八五

寧王權以子女俱長，欲令護衛屯田軍士造房居住，[①]乞優免子粒。上命戶部撥屯軍三之二與王用工，免徵子粒。完日如舊屯種。

① 造房居住　抱本房下有屋字。

〇四一〇　正统六年十一月　定都北京

十一月定都北京。上御奉天殿、朝群臣。大赦天下。詔京師各衙門除行在之稱。永樂初議遷都。設六部等衙門各稱行在。十八年定都于北。除行在二字。其舊在南京者。加南京二字。洪熙初仁宗欲都南京。而北京各衙門復稱行在。至是宫殿完。仍定都北京。復除行在二字。遂爲定制。

《昭代典则》卷一五

〇四一一　正统六年十一月　诏定都北京

十一月，詔定都北京，除行在之稱。　上御奉天殿。朝羣臣，大赦天下。永樂初，議遷都。設六部等衙門，各稱行在。十八年，定都于北，除行在二字。其舊在南京者，加南京二字。洪熙初，仁宗欲都南京，北京各衙門復稱行在。至是，宫殿完，仍定都北京，復除行在二字。遂爲永制。

《大政纪》卷一一

〇四一二 正统六年十一月 诏定京师于顺天 《明书》卷八

十一月，詔定京師於順天，去行在字，以應天爲南京。

〇四一三 正统六年十一月 定都北京 《二申野录》卷二

二申野錄 卷二 二十

冬十一月，定都北京，除行在字。永樂初議遷都，設六部等衙門，各稱行在。十八年，定都于北，除行在二字。其舊在南京者加南京二字。洪熙初，仁宗欲復都南京，而北京各衙門復稱行在。至是宮殿成，仍定都北京，復除行在二字，遂爲定制。初，高皇建都京陵，命劉誠意相地，築前湖爲正殿基，業已植樁木中。上嫌其逼，少徙于後。誠意見之，默然。上問之，對曰：如此亦好，但後不免遷都之舉。又問國祚短長，誠意曰：國祚悠久，萬子萬孫。後泰昌，萬曆子，天啓、崇禎皆萬曆孫也。

〇四一四　正统六年十一月　立御制兖国复圣公新庙碑

《大政纪》卷一一，并见《国朝典汇》卷一一九

立御製兖國復聖公新廟碑。

〇四一五　正统六年闰十一月初二日　停修南京国子监

《明英宗实录》卷八六

南京工部奏，國子監請修廟廡、堂宇之損者，然會計物料不足。宜先修廟廡，其堂宇姑緩之。上恐勞人，命皆已之。

〇四一六　正统六年闰十一月初四日　京城安定门火

《明英宗实录》卷八六，并见《国榷》卷二五

京城安定門火。

〇四一七　正统六年闰十一月初九日　令周王自修造房舍

周王有爝奏，男女婚期皆近，無房以居。本府有空房，欲拆移於隙地修造，乞給工匠、物料。上不從，諭工部臣曰，河南百姓屢被災傷，艱窘之際，豈宜重困。其令王自為之。

《明英宗实录》卷八六

〇四一八　正统六年闰十一月初九日　令南京鸿胪寺自行修葺

南京鴻臚寺損敝，乞修理。上曰，比以成造宮殿，軍民罷困甚矣。況今百姓艱辛，其令自修葺之。

《明英宗实录》卷八六

○四一九　正统六年闰十一月十一日　命修安定门

命修安定門。

《明英宗实录》卷八六

○四二○　正统六年闰十一月　安定门火

閏十一月甲子朔　安定門火。

朱国祯《大政记》卷一三

○四二一　正统六年十二月初一日　南京常宁公主府火

南京常寧公主府火。

《明英宗实录》卷八七

○四二二　正统六年十二月初五日　命庙祀平江恭襄侯陈瑄

《明英宗实录》卷八七

命廟祀平江恭襄侯陳瑄。初，瑄為總兵官督漕運，疏鑿清江浦等處，增設移風等閘，堅築堤防以畜水行舟，立常盈倉積糧甚多。及殁，民感其惠，於清江浦東立祠堂塑像，崇奉禱者，屢有靈應。至是事聞，命有司春秋致祭。

○四二三　正统六年十二月初九日　令侯丰稔新国子监

《明英宗实录》卷八七，参见《明英宗宝训》卷二

辛丑，刑科給事中劉孚言，國子監為教育天下英才之地，所宜宏壯，庶副　皇上崇儒之意。近年殿宇雖嘗完美，而堂舍皆未備，乞新之如南京，則賢才樂於造就矣。　上謂侍臣曰，孚言固是，第宮殿落成，已詔恤人力。而復役之，何以示天下。況今歲饑，其俟豐稔特為之。

○四二四　正统六年十二月二十二日　令晋王府军校造祠堂

《明英宗实录》卷八七

慶成王美堉請留造墳工匠為造祠堂。上謂工部臣曰，適聞山西之民甚饑，造墳完者宜休其力，祠堂令王府軍校為之。

○四二五　正统六年十二月二十五日　与安化王近府隙地

《明英宗实录》卷八七

安化王秩炵以府居狹隘，請徙近府民家，及求近府隙地。上以徙民非便，不允。果有隙地，許之。

〇四二六 正统六年十二月二十七日 令宜城王府中军校渐修王府

《明英宗实录》卷八七，参见《明英宗宝训》卷二

先是，宜城王奏府居朽敝，請工料修造。上以民艱，不許，令王自造。至是，復以禄薄、工乏爲言。上曰，百姓，朝廷赤子，饑窘之際，復役其力，王忍爲也①。王其令府中軍校以漸修之。

① 王忍爲也 廣本抱本寶訓也作耶，是也。寶訓此節作戊午事，實錄作己未事。

〇四二七 正统六年十二月 祀平江恭让侯陈瑄

乾隆朝《续通考》卷八五

六年十二月，祀平江恭讓侯陳瑄於淸江浦。初，瑄爲總兵官，都漕運，疏鑿淸江浦等處，設移風等閘，堅築堤防以畜水行舟。立常盈倉，積糧甚多。及沒，民感其惠，立祠祀於淸江浦東。至是，事聞，命有司春秋致祭。

○四二八　正统六年　作两宫三殿

《病逸漫记》

年仍作兩宮三殿。

六

○四二九　正统六年　重建三殿成

万历朝《明会典》卷一八一

正統六年，重建奉天、華蓋、謹身三殿成。三殿自永樂十九年災，至是年始成。

○四三〇　正统六年　两都规制大备

《涌幢小品》卷四

正統初，木植已積三十萬餘，他物稱是。五年三月興工，六年九月三殿兩宮皆成。十一月朔，御殿，頒詔大赦。次日復御殿，頒曆。又次日，文武群臣上表致賀。而兩都規制始大備矣。

○四三一　正统六年　重建三殿成　《图书集成·考工典》卷四四

英宗正統六年，重建奉天、華蓋、謹身三殿成。

按明會典，三殿自永樂十九年災，至是年始成。

按英宗實錄，正統五年三月，建奉天、華蓋、謹身三殿，乾清、坤寧二宮。初，太宗皇帝營建宮闕，尚多未備。三殿成而復災，以奉天門爲正朝。至是修造之，發現役工匠、操練官軍七萬人興工。六年九月，三殿、兩宮成。十月，賜太監阮安、僧保金銀紵絲鈔，都督同知沈清封修武伯，工部尚書吳中加少師，太僕少卿馮春、楊青俱升工部左侍郎。

○四三二　正统六年　重建三殿　《明史》卷六八

正統六年，重建三殿。

○四三三　正统六年　建三殿两宫成

《日下旧闻考》卷三四

原正统五年三月，建奉天、華蓋、謹身三殿，乾清、坤寧二宫。初，太宗皇帝營建宫闕，尚多未備。三殿成而復災，以奉天門爲正朝。至是修造之，發現役工匠操練官軍七萬人興工。六年九月，三殿兩宫成。十月，賜太監阮安、僧保金銀紵絲鈔，都督同知沈清封修武伯，工部尚書吳中加少師，太僕少卿馮春、楊青俱升工部左侍郎。明英宗實録

○四三四　正统六年　定北京为京师

《双槐岁抄》卷三

文廟初嗣大統，即詔以北平為北京。每巡幸稱行在，設行部官。開科曰北京行部鄉試。永樂四年七月，文武群臣淇國公丘福等請建北京宫殿，以備巡幸，從之。

十九年正月，郊社宗廟、宫殿告成，乃置曹司，一依金陵舊制，仍稱行在。是年四月庚子，奉天三殿災。

上承天心仁愛，兢懼靡寧。於是大赦天下，詔求直言。勅尚書蹇義等偕給事中二十六人巡行天下，安撫軍民。而言事給事中柯暹、御史何忠、鄭惟桓、羅通，皆陞知州。主事蕭儀言尤峻直。上曰，方建都時，朕於大臣會議，非輕舉也。幸賴夏原吉、匡救。反災爲祥。永孚于休。夫豈無自哉。正統辛酉始定爲京師，革行在之稱云。

○四三五　正统六年　北京为京师

《今言》卷三，并见《日下旧闻考》卷四

北京之爲京師，不復稱行在也，蓋自正統辛酉始也。

○四三六　正统六年　定应天府为南京

明太祖丙申年，定都於此，改曰應天府，置江南行中書省，永樂二年，以爲行在，正統六年，定爲南京

康熙朝《清一统志》卷三八

○四三七　正统六年　南京始为陪都

方輿紀要，明初定鼎於金陵，遂爲都會，正統六年始爲陪都。

《金陵历代建置表》

○四三八　正统六年　会同馆定为南北二馆

國初改南京公館爲會同館。永樂初設會同館於北京，三年併烏蠻驛入本館。正統六年定爲南北二館。

《明会典》卷一一九

〇四三九　正统六年　会同馆定为南北二馆

國初改南京公館爲會同館。永樂初設會同館於北京。三年，併烏蠻驛入本館。正統六年，定爲南北二館，北館六所，南館三所。

万历朝《明会典》卷一四五

〇四四〇　正统六年　会同馆定为南北二馆

明會典：自京師達於四方設有驛傳。在京曰會同館，在外曰水馬驛，并遞運所。北京會同館永樂初設。三年，併烏蠻驛入本館。正統六年，定爲南北二館。北館六所，南館三所。

《图书集成·考工典》卷七二，并见《日下旧闻考》卷六三

○四四一 正统六年 重建南京武学

《陈文定公澹然全书》

重建武學碑記 武學

洪惟 太祖高皇帝、龍飛淮甸、定鼎金陵、撫有萬方、聿新治化、首建太學于京師、暨設庠校于郡縣、以養天下之賢、爰念文教誕敷、繇乎武功之者定、中外宣力武臣、雖已報功錫爵、而故官子孫、不可無教養、以世其祿、于是作室數百區于定淮橋之南、給祿以養之、名之曰故官營、建孔廟堂齋于虎踞關之北、延儒師以教之、名曰武學、甚盛典也、歲久學舍傾圮、講肄弗勤、乃正統辛酉、 朝廷命駙馬都尉趙公輝徹而（朝特命駙馬修建亦是創典）新之。飭五材、訓百工、則有若少司空括蒼吳公、董率役夫、勸懲策勵、則有若指揮咸貴、千戶嚴武、經畫布置、總督程度、則惟出于駙馬公之心計也、於是有矗其甍、有覺其楹、而如暈斯飛矣、約之閣閣、築之橐橐

而周墉聿崇矣、先聖有神栖之殿、師生有講肄之堂、有游息之齋、以及廊廡次舍、罔不悉備、深廣高亢、

輪奐爲之一新、猗歟盛哉、惟昔文武一道也、三代而上、教出于一、而文武之才、各適其用、書曰侯以明之、詩曰、在泮獻馘、禮曰受成于學、皆是矣、至唐開元以後、别設武學、置武成廟、而文武之教始異。宋皆仍之、設教授武博武諭、誘誨學者。其法則兼試策論弓馬。以弓馬定去留。而以策論定高下。此特當時訓武之方、非如今日兼寓報功之恩也。念夫東征西伐之際。諸將官衛冑矢石。出入死生。以成大功。固已賞延于世。而其子孫幼而寡識。使不教之以詩書六藝。俾知

君臣父子忠孝大節。不教之以武經兵法俾知智謀勇略、神機玅筭之方，雖其力足以挽强引重越騎運槊，不過一卒之麄材耳。襲父祖之勳業，則有忝焉。今乃使之博通文武才能，以俟異日朝廷之顯用，得人之盛，有非唐宋之可擬倫者。雖然，不難爲弟子，而難爲于其師。文武之學，非十倍于弟子者，不足以當之。有是師而弟子無成功，吾亦未之聞也。趙公必有以處之矣。既落成，趙公屬予言記之，于是乎書。

〇四四二　正统六年　梁王薨

康熙朝《安陆府志》卷三

梁莊王墓在縣①東南三十里瑜靈山。明仁宗第九子，永樂二十二年册封為梁王。正統六年薨，謚曰莊。舊有殿垣，今廢。

安陸府志　卷三　三十五

① 编者注：湖北安陆县。